职业技能培训系列教材

锻工基本技能

冯准　刘淑芬　孙洪军　主编

中国林业出版社

图书在版编目(CIP)数据

锻工基本技能/冯准，刘淑芬，孙洪军主编．—北京：中国林业出版社，2009.6
(职业技能培训系列教材)
ISBN 978-7-5038-5626-6

Ⅰ.锻… Ⅱ.①冯…②刘…③孙… Ⅲ.锻工—技术培训—教材 Ⅳ.TG31

中国版本图书馆CIP数据核字(2009)第101338号

出版:中国林业出版社（100009 北京西城区刘海胡同7号）
编者咨询 **E-mail:**bjbwy@163.com **电话:** 010-67061986
发行:新华书店北京发行所
印刷:北京市昌平百善印刷厂
印次:2009年9月第1版第1次
开本:880mm×1230mm 1/32
印张:3.75
字数:110千字
印数:8250
定价:10.00元

前　言

职业技能培训是提高劳动者知识与技能水平、增强劳动者就业能力的有效措施。职业技能短期培训，能够在短期内使受培训者掌握一门技能，达到上岗要求，顺利实现就业。为了提高各行各业劳动者的知识与技能水平，增强其就业的能力，我们特意组织了全国各地一批长期在一线从事职业培训教学、富有经验的知名老师编写了这套职业技能培训教材。

本套教材是为了适应开展职业技能短期培训的需要、促进短期培训向规范化发展而编写的。该套教材以相应职业（工种）的国家职业标准和岗位要求为依据，根据上岗前职业培训的特点和功能，以基本概念和原理为主，突出针对性和实用性，理论联系实际，使读者一读就懂，一学就会。

这套教材适合于各级各类职业学校、职业培训机构在开展职业技能短期培训时使用。由于时间仓促和编写者的水平有限，书中错漏之处敬请读者批评指正，在此深表感谢。

编　者

2009 年 6 月

目　录

第一章 锻工基本技能

第一节 机械原理

一、链传动

1. 链传动是应用比较广泛的一种机械传动，是由链条和主从动链轮所组成，链轮上制有特殊的齿形的齿，依靠链轮轮齿与链节啮合来传递运动和动力，如图 1—1 所示。

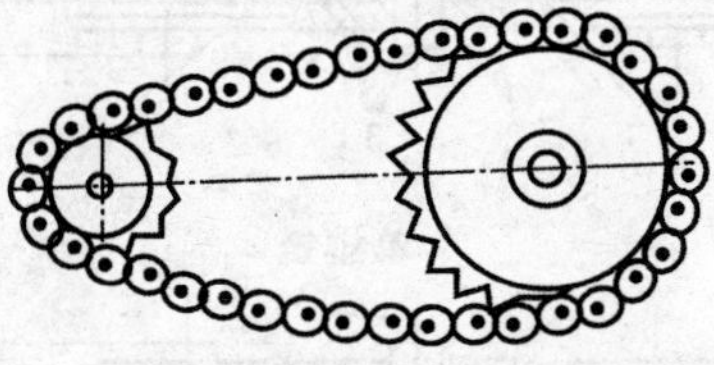

图 1—1 链传动

2. 链传动的优缺点。优点：传动比准确，传动效率高，轴向压力，小结构紧凑，成本低廉，可大中心距传动缺点：只能用于同向回转的传动，磨损后容易发生跳齿，转动惯量大，工作有噪声，不适合载荷变化大紧急反向的传从中应用。

3. 链传动的种类按用途不同可以分为传动链运输链起重链，其中最常用的是传动链传动链的类型。

(1)滚子链

由滚子、套筒、销轴、内链板和外链板所组成工作时，滚子沿链轮，滚子沿链轮齿廓滚动，这样就可以减轻齿廓的磨损，链的磨损主要发生在销轴与套筒的接触面上，因此，内外链板间应留少许间隙，以便润滑油渗入销轴和套筒的摩擦面间当传动功率大时，可以采用双排链或者多排链，多排链的承载能力与排数成正比，但是由于精度的影响，个排的载荷不容易均匀，故排数不宜过多如图 1－2 所示。

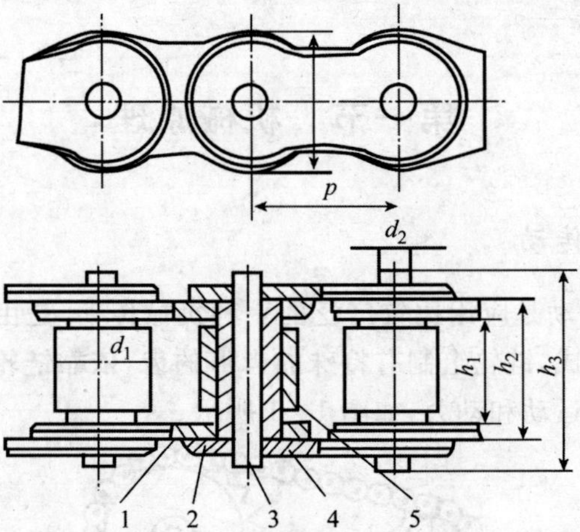

单排链

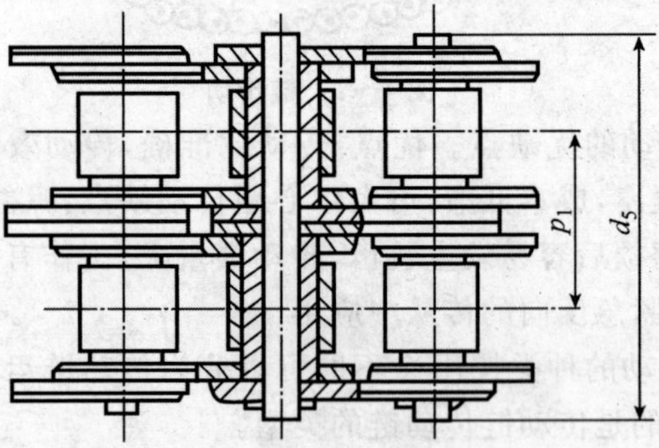

图 1－2　多排链

(2)齿形链

齿形链又称无声链，由一组带有两个齿的链板左右交错并列铰接。由齿形链板。导片。套筒和销轴等组成，如图 1－3 链传动的应用链传动主要用再要求工作可靠，并却两轴较远，需传递大中心距转矩，以及其他不宜采用齿轮传动的场合链传动还可以应用再低速重型及极为恶劣的工作条件下，例如挖掘机的运行机构。

图 1－3　无声链

二、带传动

组成，由主动轮，从动轮，和传动带组成种类；带传动可分为摩擦带传动和啮合带传动两类带传动是一种常用的传动形式，带传动主要优点是

①有弹性，能缓冲，吸震，从而传动平稳，噪声小。

②当传动过载时，带再带轮上打滑，起到过载保护作用，当时零件损坏。

③结构简单，拆装方便。

④可用于中心距较大的传动。

缺点

①传动比不恒定。

②传动效率低，丢功率。

③寿命短。

④不适合高温易燃场合，如图 1－4。

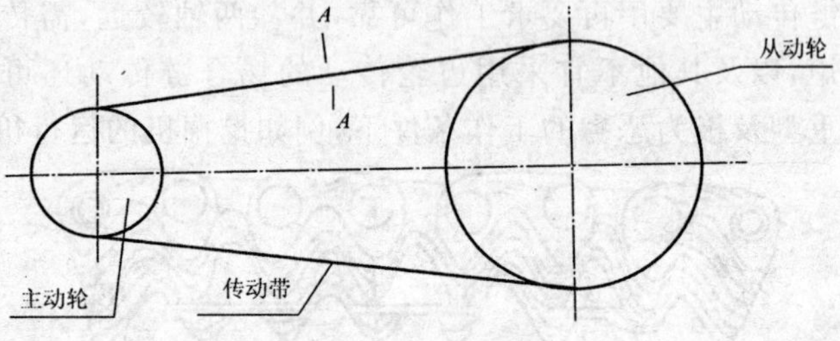

图 1—4　带传动

工作原理,传动带具有弹性,施加初拉力后套到主动和从动轮上,依靠带与带轮之间的喊声的摩擦力传递运动和动力。啮合带传动也叫同步带传动,靠带轮齿轮与带工作面上的齿啮合传动带传动类型和工作原理带传动中,常用的有平带传动如图 1—5aV 带传动如图 1—5b 多楔带传动和同步带传动。

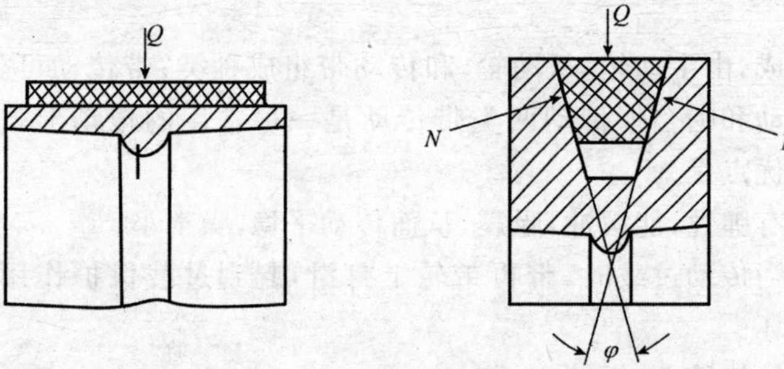

a)　平带　　　　b)　V 带

图 1—5

1. 平带传动

平带传动结构最简单,带轮也容易制造,再传动中心距较大的情况下应用较多,常用的平带友帆布心平带,编制平带(棉织,毛织,缝合棉布带),锦纶片复合平带等数种如图 1—6。

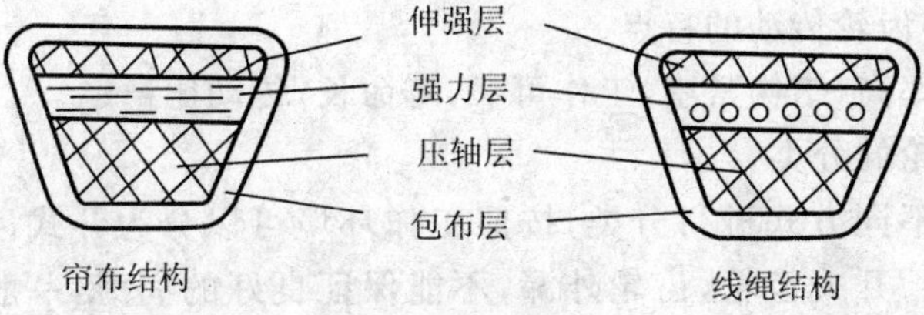

图 1－6　V 带结构

2. V 带传动

一般的机械传动中，应用最广的是 V 带传动。V 带的横截面呈等腰梯形，带轮上也做出相应的轮槽。传动时 V 带只和轮槽的两个侧面接触，即两个侧面为工作面（如图 1－6）根据槽面摩擦的原理，再同样张紧力下，V 带传动较平带传动能产生更大的摩擦力，这是 V 带传动性能上的最重要优点，再加上 V 带传动允许的传动比较大，结构比较紧凑，以及 V 带多已标准化并大量生产等优点，因而 V 带传动的应用比较广泛。

多楔带兼有平带和 V 带传动的优点，柔性好，摩擦力大，能传递的功率搞，并解决了多个 V 带长短不一，而使各带受力不均匀的问题，多楔带主要用于传递功率较大而结构要求紧凑的场合，传动笔可达到 10，带速可达到 40M /*S* 。

3. 带传动的传动比

传动比就是主动轮转速与从动轮转速的比值：

$$i=\frac{n_1}{n_2}=\frac{D_2}{D_1}$$

i　表示传动比

n　表示主从动轮的转速 r/min

D　表示主从动轮的直径 mm

三、齿轮传动

齿轮传动是机械传动中最重要的一种传动，型式很多，应用广泛，传递功率可达数十万千瓦。

(1)齿轮传动的特点

效率高,结构紧凑,工作可靠,寿命长,传动比稳定。

齿轮的分类

按不同方式进行分类,按照工作环境可以分为开式齿轮和闭式齿轮。开式齿轮,齿轮外漏,不能保证良好的润滑,一般用于低速场合,闭式传动,齿轮被封闭再刚性的箱体内,密封润滑条件好,重要的齿轮传动大多采用。

按齿轮啮合方式分类,可分为外啮合和内啮合,外啮合:相互啮合的轮齿为外接触内啮合,相互啮合的轮齿为内接触。

按齿轮的齿向不同分为直齿,斜齿,人字齿,锥齿轮,如图 1—7。

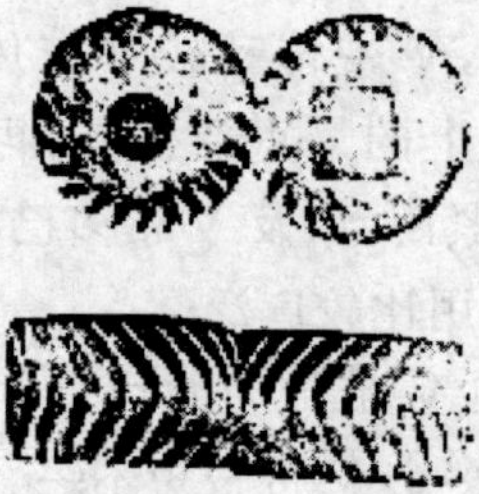

人字齿

斜齿

直齿

锥齿轮

图 1—7　齿轮种类

齿轮传动的应用

齿轮传动适用于负载较大，小中心距，传递平稳，传动效率高的场合，其中外啮合直齿轮用于传动两平行轴间的传动，主从动轮旋转方向相反。

内啮合直齿轮传动也用于平行轴间的传动，但是住从动齿轮旋转方向相同，中心距也较小，锥齿轮常用于两轴相交运动，一般适用于轻载低速的场合，斜齿轮传递载荷比直齿轮大，人字齿轮承载能力最大，用于重型机械。

四、蜗杆传动

蜗杆传动是在空间交错的两轴间传递运动和动力的一种传动机构，这类传动的特点是结构紧凑，传动比大，传动平稳以及在一定的条件下具有可靠的自锁性，其缺点是传动效率低，低功率，一般用再传动的最前段应用，蜗杆传动一般用于减速装置，随着机器功率的不断提高，近年来陆续出现了多种新型的蜗杆传动，效率低的缺点正在逐步改善，如图 1—8 所示。

1. 蜗杆传动的类型

根据蜗杆形状的不同，蜗杆可分为圆柱蜗杆传动，环面蜗杆传动，和锥蜗杆传动。

2. 蜗杆传动的特点

(1)能实现较大的传动比。在传动中，一般传动比值 $I=5\sim80$；再分度机构或者手动机构的传动中，传动比可达到 300，若只传递运动，传动比可以达到 1000，由于传动比大，零件数目少，因而结构紧凑。

(2)再蜗杆传动中，蜗杆齿连续不断的螺旋齿，它和蜗轮齿是逐渐进入啮合的及逐渐退出啮合的，同时啮合的齿对又较多，故冲击载荷较小，传动平稳，噪声低。

(3)当蜗杆的螺旋线升角小于啮合面的当量摩擦角时，蜗杆具有自锁性。

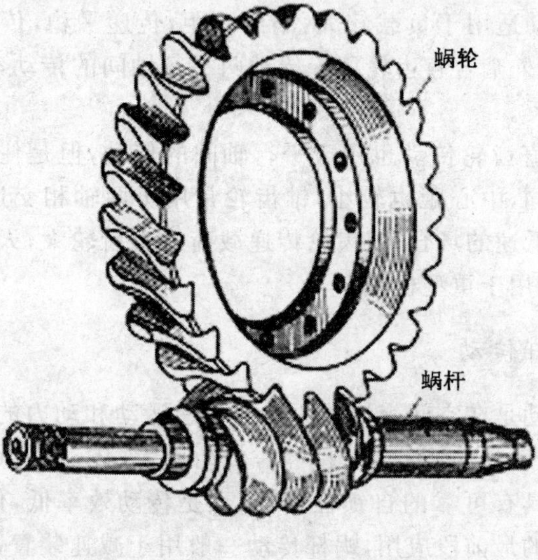

图 1—8 蜗杆传动

(4)蜗杆传动与螺旋齿轮传动相似,在啮合处有相对滑动,当滑动速度很大,工作条件不够良好时,会产生较严重的摩擦与磨损,从而引起过分发热,使润滑情况恶化。因此摩擦损失较大,效率低,当传动具有自锁性时,效率仅为 0.4 左右。

第二节 机械制图,识图

一、三视图的形成

在绘制机械图样时,采用正投影法将物体向投影面投射所得的图形称为视图。在三投影面体系中可得到物体的三个视图,其这面投影称为主视图,水平投影称为俯视图。侧面投影称为左视图。由于在工程图上,视图主要用来表达物体的形状,而没有必要表达物体与投影面之间的距离,因此在绘制视图时不必画出投影轴；为了使图形清晰，也不必画出投影间的连线，如图所示1—9。通常视图间的距离可根据图纸幅面，尺寸标注等因素来确定。

二、三视图的位置关系和投影规律

虽然在画三视图时取消了投影轴和投影之间的连线，但三视图间仍应保持一定的位置关系和投影规律，如图 1—10 所示三视图的位置关系为，俯视图在主试图的下方，左视图在主视图的右方，按照这种位置配置视图时，国家规定一律不标注视图的名称。

对照图 1—9a 和 1—9b 图还可以看出：

●主试图反应了物体的上下左右的位置关系，即反应了物体的高度和长度。

●俯视图反应了物体的左右前后的位置关系，即反应了物体的长度和宽度。

●左视图反应了物体的上下前后的位置关系，即反应了物体的高度和宽度。

由此可得出三视图之间的投影规律为：

主俯视图——长对正

主左视图——高平齐

俯左视图——宽相等

长对正，高平齐，宽相等是画图和看图必须遵循的最基本的投影规律，物体局部建构的投影亦必须符合这个规律。

三、机件的表达方法

1. 局部视图

只将零件的某一部分向基本投影面投射所得的视图称为局部视图，如图 1—11 中的 C 局部视图。该零件右边的凸台也可以用局部视图来表达它的形状，如图中 B 局部视图，这样可省略画一个左视图，采用一个主视图，两个局部视图表达该压紧杆就显得更清晰合理。

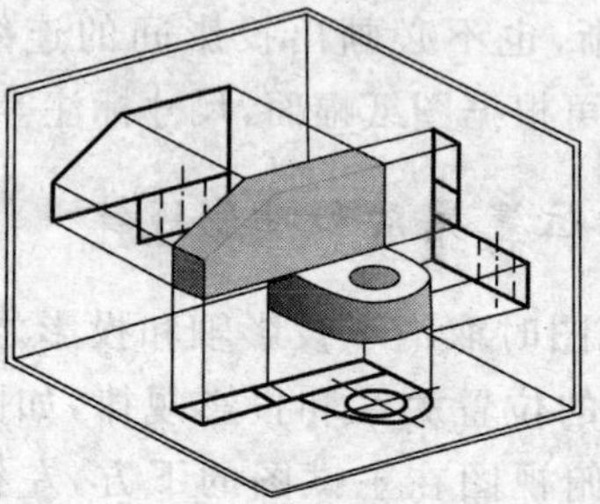

a)

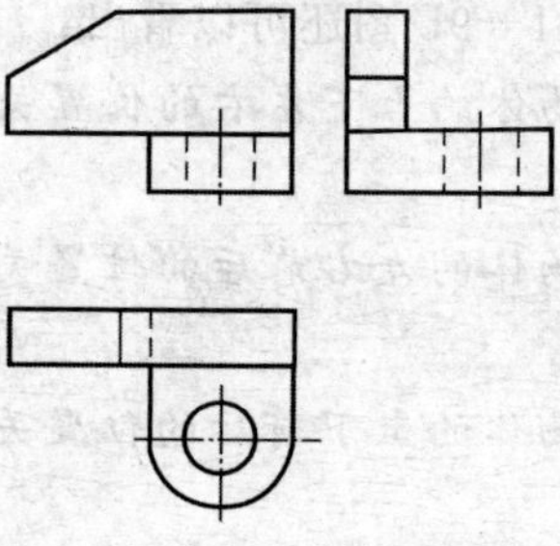

b)

图 1—9　三视图的形成

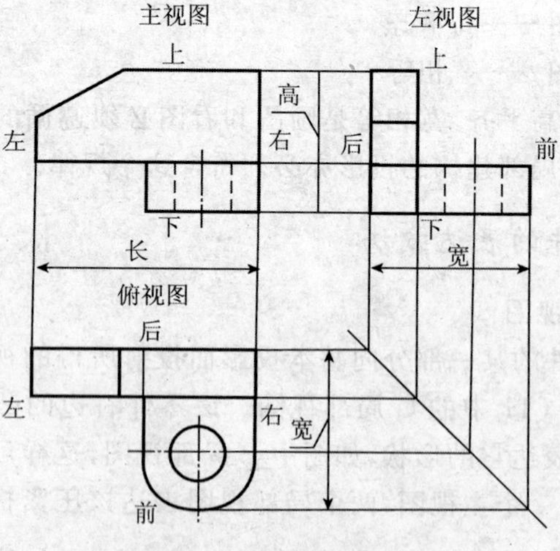

图 1—10　位置关系

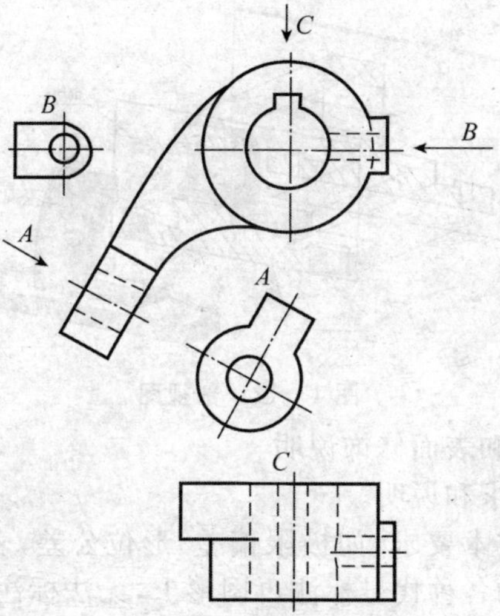

图 1—11　局部视图

2. **剖视图**

假想用剖切面吧零件剖开，将处在观察者和剖切面之间的部分移去而将其余的部分向投影面投射，所得的图形称为剖视图，(也可以简称为剖视)如图 1—12 采用正平面作为剖切平面，在底座的对称平面处假象它剖开，移去前面部分，使零件内部的孔。槽等结构显示出来，从而在主视图上得到剖视图，这样原来不可见的内部结构在剖视图上成为可见部分，虚线可以画成实线，由此可见，剖视图主要用于表达零件内部被遮盖部分的结构。

四、零件图上的技术要求内容

1. **零件的其他一些技术要求**

零件图除了表达零件形状和标注尺寸外，还必须标注和说明制造零件时应达到的一些技术要求，大致有下列几方面内容：

(1)说明零件表面粗糙度的粗糙度代号。

(2)零件上重要之顿的极限偏差及零件的形状和位置公差。

(3)零件的特殊加工要求，检验和实验说明。

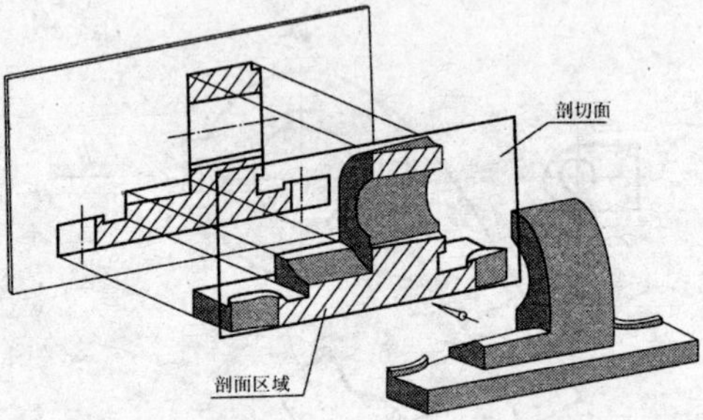

图 1—12 剖视图

(4)热处理和表面修饰说明。

(5)材料要求和说明。

图形上的技术要求,如极限偏差,形位公差,表面粗糙度应按国家标准规定的各种代号标注再图形上,无法标注的内容,可以用文字分条注写在图纸下方空白处。

2. 表面粗糙度的概念

零件表面再加工过程中,由于机床和刀具的震动,材料的不均匀等因素,加工后的表面总留下加工的痕迹,这种周期很小的零件表面微观不平程度称为表面粗糙度。

五、看零件图的方法

看零件图的目的是要根据零件图想象出零件的结构形状,了解零件各部尺寸。技术要求,以及零件的材料名称等内容。下面以轴座为例阐述看零件图的一般方法与步骤如图 1—13。

1. 概括了解

先从标题栏了解零件的名称为轴座,材料为铸铁,图画比例为 1∶4。

由名称知该零件的主要作用是用来支撑传动轴,因此轴孔是它的 主要结构,该零件的结构比较复杂,表达时用了三个基本视图和两个局部视图一个剖视图。

2. 结构分析

轴座的中间部分为左右两空心圆柱,他们是主轴孔,是轴座的主要结构。两空间圆柱用一中空长方型板连接起来,长方形板的四角有四

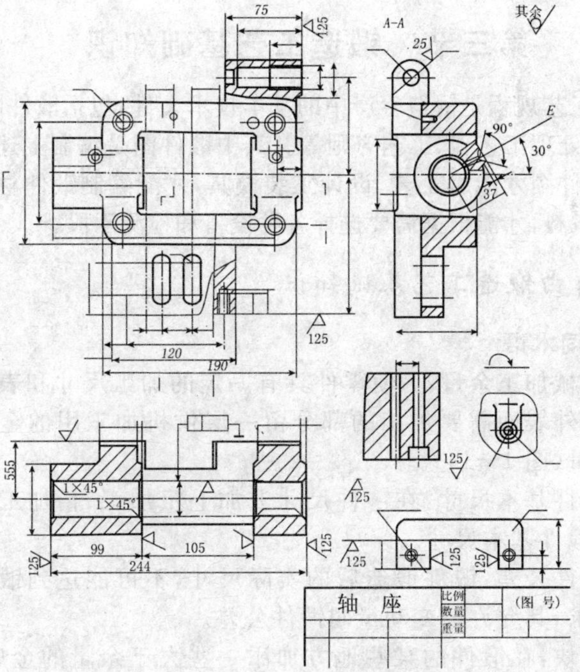

图 1—13　看图方法

个孔，为安装轴座的用的螺钉孔，这是与其他零件连接的结构。轴座上友一凸耳，内中有带螺纹的阶梯孔，亦为连接其他零件之用。由此可见该零件大致友空心圆柱，安装版，凸台，凸耳，四部分组成。

3. **表达分析**

由于该零件加工工序多，表达时以工作位置放置，采用最能表达零件结构形状的方向为主视图的投影方向。主视图表达上述四部分的主要形状和它们的上下，左右位置，再对照其他图示可确定各部分的详细形状和前后位置。

4. **综合归纳**

经以上分析可以了解轴座零件的全貌，它是一个中等复杂的铸件，其上装有传动轴及其他零件，起支撑作用。

第三节　锻造工艺基础知识

锻造工艺规程是锻造生产中的基本技术文件，包括锻件图、锻造工艺卡、热处理工艺卡、工艺守则等。其中锻件图是编制上述文件的基础，有锻件图才能编工艺、设计工装模具，才能编制锻件材料消耗定额进行备料，才能根据需要选择各种设备和检测手段。

一、自由锻造工艺基础知识

1. 名词术语

(1)机械加工余量：为使零件具有一定的加工尺寸和表面粗糙度，在零件外表面需要加工的部分留一层供机加工用的金属叫机械加工余量(图 1—14)。

(2)锻件基本尺寸：在零件尺寸上加上粗加工、精加工余量后的尺寸叫锻件基本尺寸。

(3)锻件公差：锻件锻造后的实际尺寸，不可能达到锻件基本尺寸的要求，其允许的变动量叫锻件公差。

(4)余块：在锻件的某些地方加添一些大于余量的金属体积，以简化锻件的外形及锻造过程，这些加添的金属体积叫余块(图 1—14)。

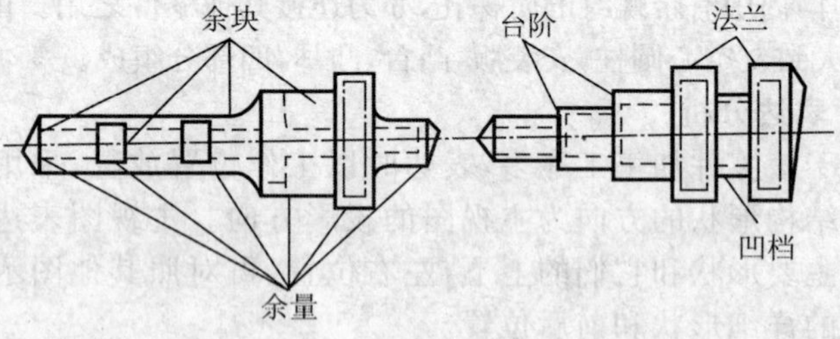

图 1—14　锻件表达

(5)台阶：轴类锻件的某一段直径(或非圆形锻件的尺寸)大于邻接的一段或两段的直径(或尺寸)部分叫台阶(图 1—14)。

(6)法兰：是锻件上的台阶，其尺寸关系符合下列要求：台阶部分长度为直径的 0.25～0.5 倍，而此直径至少是其邻接部分最大直径的 1.5 倍(图 1－14)。

(7)凹挡:锻件的某一部分直径(或非圆形锻件的尺寸)小于其邻接两部分的直径(或尺寸),该部分叫做凹挡(图 1－14)。

(8)锻件图:指在零件图(或粗加工图)的基础上,加上机械加工余量、余块及其他特殊留量后绘制的图。图中锻件的外形用粗实线表示;零件(粗加工或精加工)的外形用双点划线表示,锻件的基本尺寸与公差注在尺寸线上面,而零件的尺寸注在尺寸线下面的括号内(图 1－15)。

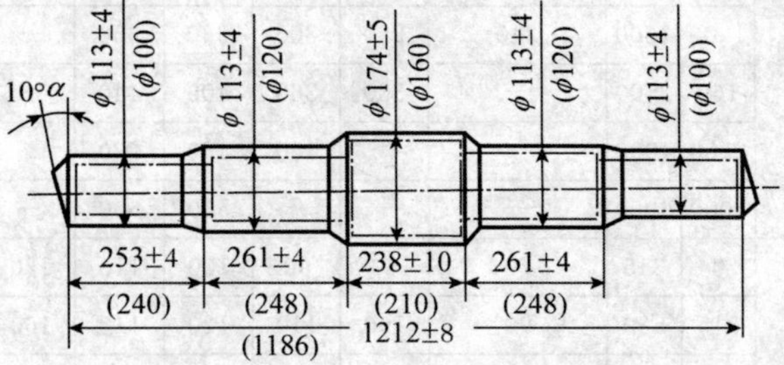

图 1－15　尺寸表达

2. 绘制锻件图

(1)锻件形状的确定:锻件的形状受到工装、附具及生产成本的限制,故不可能把零件图上所有的小孔、台阶、凹档、法兰等都锻出来,因此应尽可能简化锻件形状。

JB4249－86 规定,台阶和凹挡锻出的条件是根据零件相邻台阶的直径和零件总长度的大小来确定的(表 1－1)。

表 1－1　台阶和凹挡锻出的条件

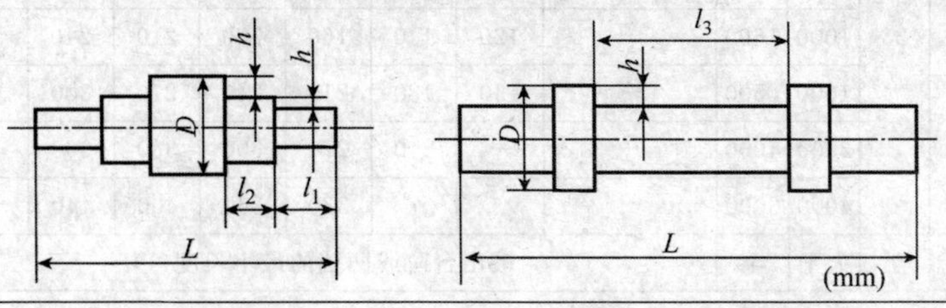

（续表 1）

台阶高度/*h*		零件总长度/*L*		零件相邻台阶的直径/D							
				大于 0	50	80	120	160	200	250	315
				至 50	80	120	160	200	250	315	400
大于	至	大于	至	锻出台阶或凹挡的最小长度							
5	8	0	315	100	120	140	160	180	—	—	—
		315	630	140	160	180	210	240	—	—	—
5	8	630	1000	180	210	240	270	300		—	—
		1000	1600	240	270	300	330	360	—	—	—
		160	2500	—	330	360	400	440	—	—	—
		2500	4000	—	—	400	480	520		—	—
		4000	6000	—	—	—	560	600	—	—	—
8	14	0	315	70	80	90	100	110	120	140	—
		315	630	90	100	110	120	140	160	180	—
		630	1000	110	120	140	160	180	210	240	—
		1000	1600	140	160	180	210	240	270	300	—
		1600	2500	—	210	240	270	300	330	360	—
		2500	4000	—	—	300	330	360	400	440	—
		4000	6000	—	—	—	400	440	480	520	—
14	23	0	315	—	60	70	80	90	100	110	120
		315	630	—	80	90	10	110	120	140	160
		630	1000	—	100	110	120	140	160	180	210
		1000	1600	—	120	140	160	180	210	240	270
		1600	2500	—	160	180	210	240	270	300	330
		2500	4000	—	—	240	270	300	330	360	400
		4000	6000	—	—	—	330	360	400	440	480
大于	至	大于	至	锻出台阶或凹挡的最小长度(1)							

（续表 2）

23	36	0	315	—	—	60	70	80	90	100	—
		315	630	—	—	80	90	100	110	120	140
		630	1000	—	—	100	110	120	140	160	180
		1000	1600	—	—	120	140	160	180	210	240
		1600	2500	—	—	160	180	210	240	270	300
		2500	4000	—	—	210	240	270	300	330	360
		4000	6000	—	—	—	—	330	360	400	440
36	55	0	315	—	—	—	60	70	80	—	—
		315	630	—	—	—	80	90	100	110	—
		630	1000	—	—	—	100	110	120	140	160
		1000	1600	—	—	—	120	140	160	180	210
		1600	2500	—	—	—	160	180	210	240	270
		2500	4000	—	—	—	210	240	270	300	330
		4000	6000	—	—	—	—	300	330	360	—
55	75	0	315	—	—	—	—	—	—	—	—
		315	630	—	—	—	—	80	90	100	110
		630	1000					100	110	120	140
		1000	1600					120	140	160	180
		1600	2500					160	180	210	240
		2500	4000					210	240	270	300
		4000	6000					270	300	330	360

法兰的锻出条件如表 1－2。

表 1－2　法兰的最小锻出宽度

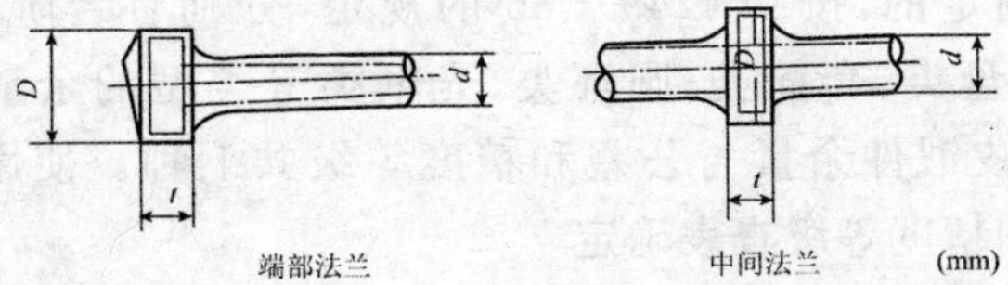

（续表）

与法兰相邻部分的尺寸/d		法兰直径/D 大于	0	50	80	120	160	200	250	315
		至	50	80	120	160	200	250	315	400
大于	至	锻出法兰的最小宽度/t								
0	40		23/15	20/22	40/30	55/42	—	—	—	—
40	50		—	26/20	26/28	50/39	65/51	—	—	—
50	65		—	23/18	32/25	45/36	60/48	85/65		
65	80		—	—	28/22	40/33	55/45	80/60	110/80	—
80	100		—	—	23/18	35/33	50/42	75/55	105/75	135/100
100	120		—	—	—	30/26	45/38	65/50	95/70	125/95
120	160		—	—	—	—	40/33	60/45	85/65	115/90
160	200		—	—	—	—	—	50/38	75/58	105/30
200	250		—	—	—	—	—	—	65/50	95/70
250	315		—	—	—	—	—	—	—	85/60

注：1. 表中分子数值适用于端部法兰，分母数值适用于中间法兰。

2. 中间法兰按法兰直径 D 与相邻较小直径 d 来确定其最小锻出宽度。

3. 法兰按台阶轴类锻件加放余最后其宽度值如小于表列数值则可增大至表列数值。

当把锻件形状确定之后，就可以根据锻件类型确定锻件的机械加工余量与公差了。

（2）余量和公差的确定：机械加工余量和公差是根据不同锻件类型分别制定的，按 JB4249－86 的规定，分别有台阶轴类、圆盘类、带孔圆盘类、套筒类、圆环类、光轴类等类型的余量与公差标准，以及黑皮锻件余量与公差和精度等级共七种。使用时可根据锻件类型和精度等级查表确定。

（3）绘制锻件图示例：

①注意事项：一是水压机上锻件（包括锤上大中型锻件）的基本尺寸尾数应取 0 或 5，按照“二舍三入，七退八进”的原则，把尾数为 1、2、8、9 的均取 0，把尾数 3、4、6、7 的均取 5；而对于一般小锻件，则计算值多大就是多大。二是在锻件图上应注明锻件的总长和各部分的长度（凹档和最后锻造的那一部分不必注明长度），注明长度时应选择最大直径的台阶或法兰作为基准面，从基准面开始向两方面标注。三是锻件基本尺寸与公差的标注应符合机械制图的有关规定。四是在锻件图上应标注热处理吊卡头、机械性能试料位置及切削加工夹卡头等，对于图上无法标明的某些要求，应在技术条件上注明。

②示例（余量与公差均按锻造精度等级 F 级）：

例 1：绘制图 1－16 齿轮的锻件图。

解：齿轮锻件属于带孔圆饼类，根据其直径、高度查表得余量和公差为：

零件部分：　高度 h　　　外径 D　　　孔径 d

余量和公差：$b=12\pm5$　　$a=17\pm7$　　c：1 1 ± 4

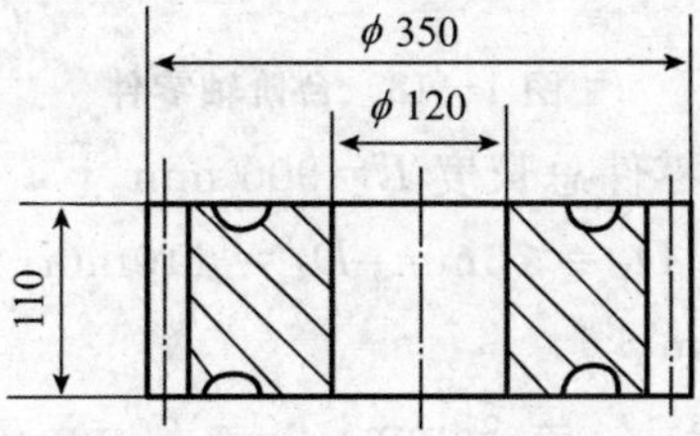

图 1－16　齿轮零件

然后把余量和公差加在零件尺寸上而得到锻件基本尺寸（mm）：经计算得

高度 $H'=H+b=122\pm5$

外径 $D'=D+a=367\pm7$

孔径 $d'=d-c=109\pm4$

最后根据锻件基本尺寸绘制出如图 1－17 的锻件图。

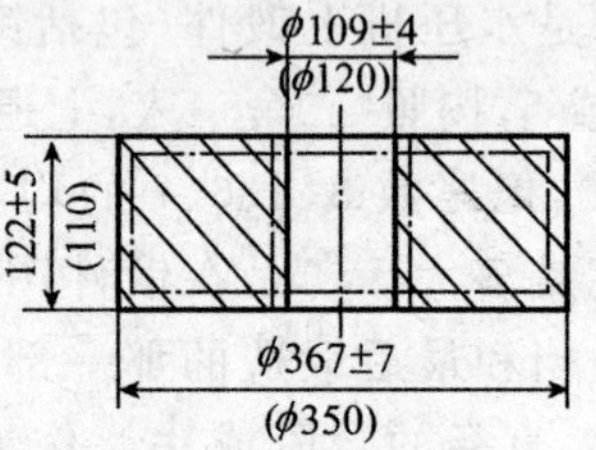

图 1—17　齿轮锻件

例 2：绘制图 1—18 台阶轴的锻件图。

解：从图中可知该零件属于台阶轴类零件，其最大直径尺寸和长度尺寸属于锤上锻造范围。

在确定余量和公差之前，需先确定两端台阶是否符合锻出条件。然后根据简化后的零件和尺寸来确定余量和公差。

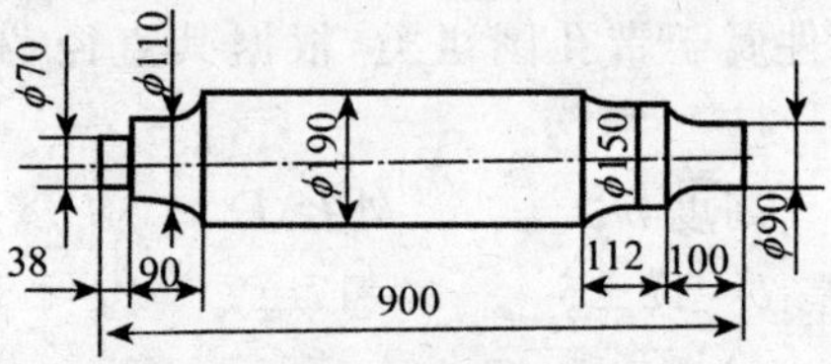

图 1—18　台阶轴零件

由上图可知，零件总长度 $L=900$ mm。

各部分直径：$D_1=70$mm；$D_2=110$mm；$D=190$mm；$D_3=150$mm；$D_4=90$mm。

各部分长度：$l_1=38$mm；$l_2=90$mm；$l=560$mm；$l_3=112$mm；$l_4=100$mm

各部分台阶高度：$h_1=(110-70)/2=20$mm；

$h_2=(190-110)/2=40$mm；

$h_3=(190-150)/2=20$mm；

$h_4=(150-90)/2=30$mm。

根据 h_1、h_2、h_3、h_4 和 L 以及 D、D_2、D_3 查得各部分台阶锻出的最小长度为：$l_1=110$mm；$l_2=0.8l=0.8\times110=88$mm；$l_3=0.8$

$l=0.8\times140=112mm$；$l_4=110mm$。

和零件的实际长度相比较，台阶 φ70mm × 38mm 段和 φ90mm×100mm 段锻不出，而其他台阶均能锻出。若把 φ70mm 增大到 φ110mm，把 φ90mm 增大到 φ150mm，画出台阶轴的简化零件图，如图 1－19。

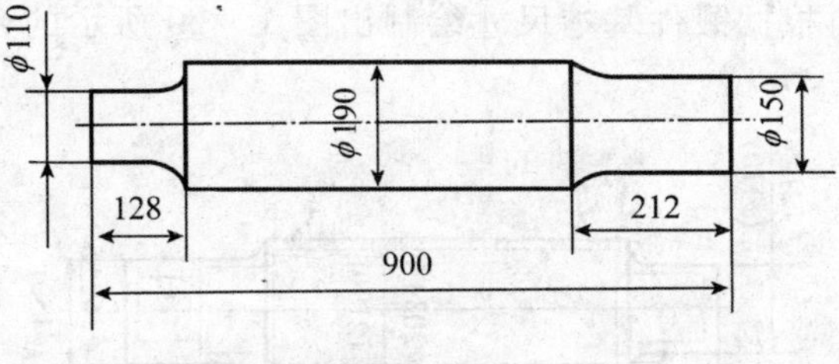

图 1－19　简化后的台阶轴零件

根据简化零件图的尺寸 D_1、D_2、D_3 和 L，查表得各部分直径的余量和公差为：

各部分直径(mm)	余量和公差(mm)
$D_1=110$	$a_l=1\ 1\pm4$
$D_2=190$	$a_2=13\pm5$
$D_3=150$	$a_3=12\pm5$

根据各部分直径的余量和公差，再进一步求出各部分长度的余量和公差：

各部分长度(mm)	余量和公差(mm)
$l_{1、2}=128$	$a_l=11\pm4$
$l=560$	$2a_2=2(13\pm5)$ $=26\pm10$
$l_{3、4}=212$	$a_3=12\pm5$

然后把余量加在简化零件尺寸上，经计算得锻件的基本尺寸和公差(mm)为：

直径 $D'_l=D_1+a_1=12l\pm4$

直径 $D_1=D+a_2=203\pm5$

直径 $D'_3=D_3+a_2=162\pm5$

总长 $L'=L+a_l+a_3=923\pm9$

长度 $L'_l=L_{l、2}-a_2+a_1=126\pm4$

长度 $L'=L+2a_2=586\pm5$

长度 $L'_3=L_{3、4}-a_2+a_3=211\pm5$

最后再根据锻件基本尺寸绘制出图 1－20 所示的台阶轴锻件图(冷态)。

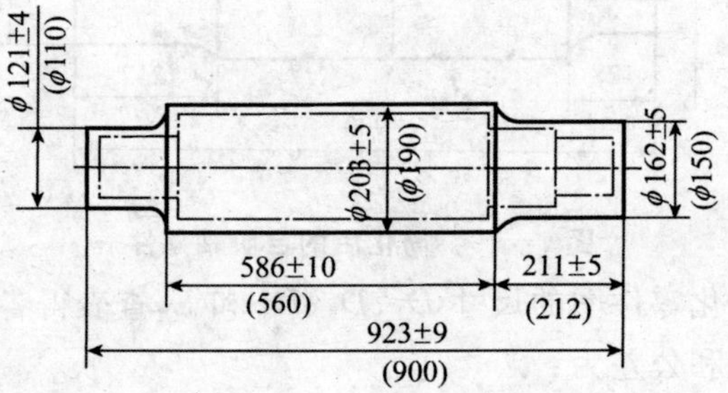

图 1－20　台阶轴锻件

例 3:绘制 φ350mm×3 000mm 光轴的锻件图

解:根据该零件尺寸,查表可知此轴既可以在锤上锻造,也可以在水压机上锻造。下面以水压机上钢锭锻造为例,余量公差参考有关资料,取直径余量 $a=28\pm10$mm,长度余量 $b=30=84\pm30$mm,绘出图 1－21 的锻件图。

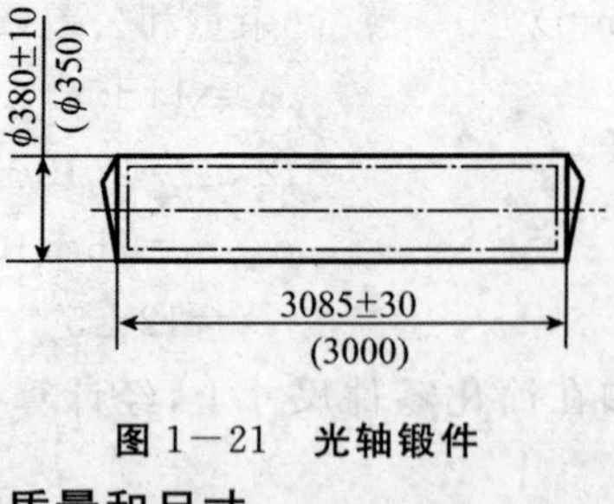

图 1－21　光轴锻件

3. **确定坯料的质量和尺寸**

(1)锻件质量($m_{锻件}$)的计算(以台阶轴类锻件的余面质量计算

为例)：计算大型台阶轴类锻件的质量时，对锻件上余面部分的金属质量必须考虑进去。确定台阶轴类锻件余量质量($m_{余面}$)的方法有以下两种：

①公式计算法：$m_{余面}=0.18(D-d)(D+2d)$

式中：$m_{余面}$为余面质量(kg)；D为相邻部分中的大直径(dm)；d为相邻部分中的小直径(dm)。

22图线计算法：按图1－22的余面质量图线计算法查得。

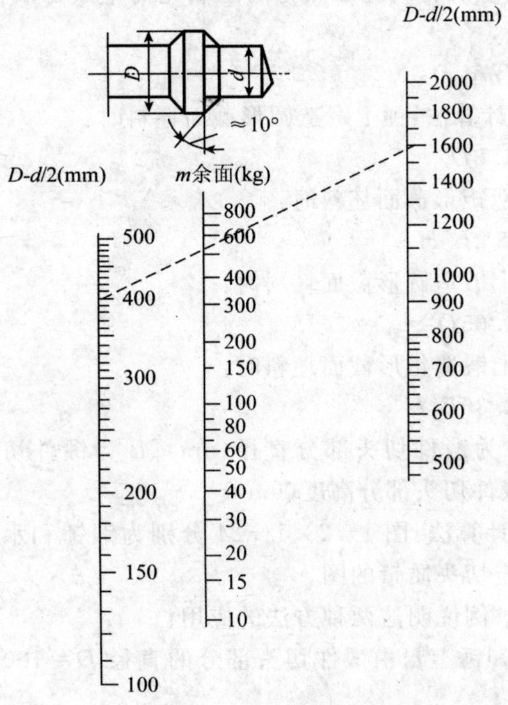

图1－22　余面部分钢料质量图线计算法

例4：已知某台阶轴锻件的大直径$D=2000$mm，小直径$d=1200$mm，求其余面质量。

解：首先求出旦$\dfrac{D-d}{2}=\dfrac{2000-1200}{2}=400$mm

$$\frac{D+d}{2}=\frac{2000+1200}{2}=1600\text{mm}$$

然后从上图中分别在 $\frac{D-d}{2}$ 和 $\frac{D+d}{2}$ 二数轴上找到 400 和 16000N 点并连成一直线，连线与 $m_{余面}$ 数轴的交点所示的数值 550kg，即为所求余面的质量。

(2)锻造时金属材料损耗量的确定：

①火耗：金属材料在加热时由于氧化而生成的氧化皮，称为耗(或叫烧损量

②切头($m_{切头}$)：

a. 公式计算法：锤上锻造圆形截面坯料时：

$m_{切头}=1.8D^3$

锤上锻造矩形截面坯料时：

$m_{切头}=2.2B^2H$

水压机上锻造圆形截面坯料时：

$m_{切头}=1.65D^3$

水压机上锻造钜形截面坯料时：

$m_{切头}=2.36B^2H$

式中：D 为锻件切头部分直径(dm)；B 为锻件切头部分宽度(dm)；C 为锻件切头部分高度(dm)

b. 图线计算法：图 1－23、1－24 分别为锻锤和水压机上进行自由锻时确定切头质量的图。

下面就举例说明这两种方法的应用：

例 5：已知锤上自由锻件切头部分的直径 $D=100$mm，求其切头质量。

解：用图线法计算，得 $m_{切头}=1.8$kg；

用公式法计算，100mm＝1dm.

$m_{切头}=1.8D^3=1.8\times1^3=1.8(\text{kg})$

例 6：已知水压机上自由锻造的矩形锻件宽 1000mm，高度 600mm，试求切头质量。

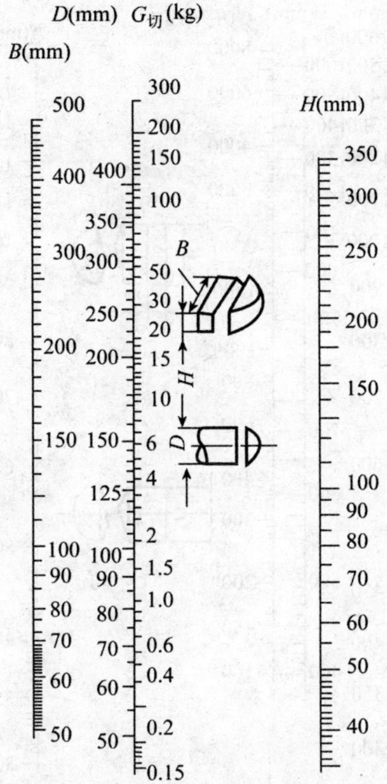

图 1－23　锤上自由锻切头质量图

解：用图线计算法，得 $m_{切头}$＝1 250kg；

用公式计算法，1 000mm＝10dm.

600mm＝6dm，$m_{切头}=2.36B^2H=2.36\times10^2\times6=1420$(kg)。

③芯料（$m_{芯料}$）：单位为蚝，冲孔方法不同，芯料质量也不同。$m_{芯料}$可按有关公式计算。

为计算方便起见，对采用坯料锻造的锻件的切头和火耗，要综合起来考虑。

④钢锭的切头：钢锭切头以钢锭总重的百分数表示，切除量应按锻件的技术要求、钢锭的质量及材料化学成分来确定。

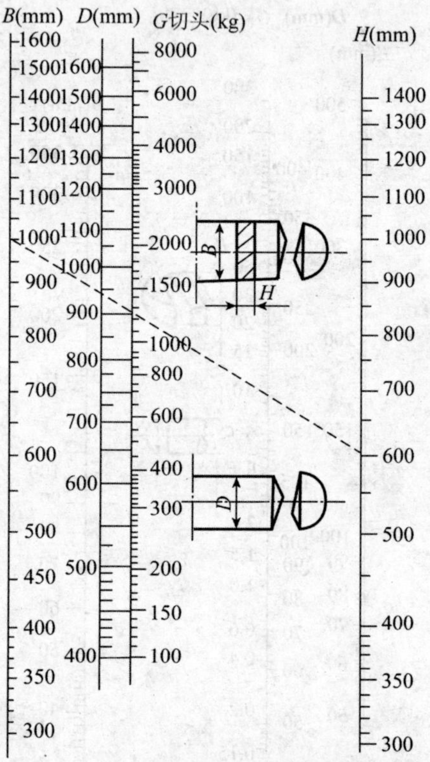

图 1—24　水压机上自由锻切头质量图

(3)坯料质量和尺寸的确定：坯料质量的计算按下式进行：

$$m_{坯料}=m_{锻件}+m_{卷料}+m_{切头}+m_{火耗}$$

坯料尺寸的确定，主要是根据锻件的主要工序来通过计算确定，同时必须满足锻造比的要求。

(4)确定钢坯尺寸和选择钢坯示例：

例 7：确定锻造图 1－24 所示齿轮的坯料尺寸（材料为 35CrMo）。

解：①先确定锻件的质量：锻件按圆柱体计算时的体积为：

$$V_{锻件}=\frac{\pi}{4}(D^2-d^2)h=\frac{\pi}{4}(36.7^2-10.9^2)\times12.2=11761\text{mm}^3；$$

锻件的质量为：

$m_{锻件}=\rho V_{锻件}=7.85\times 11761=92\ 323(g)=92.3kg$

②再确定锻造时金属的损耗量：因齿轮是用钢坯锻造的，没有切头，故金属的损耗量只考虑烧损量和冲孔芯料损失两方面。由于齿轮锻件加热一次即可锻成，故烧损量取钢坯质量的 2%，即 $m_{烧损}=0.02m_{钢坯}$。至于冲孔芯料损耗量，是根据孔径和锻件厚度，按实心冲子双面冲孔算出，芯料质量为：

$m_{卷料}=(1.18\sim1.57)d_{冲}^2\ H=1.2\times1.09^2\times1.22\approx1.7(kg)$

系数取为 1.2。

③选择钢坯的尺寸：该齿轮锻件所需钢坯的质量为：

$m_{坯料}=m_{锻件}+m_{烧损}+m_{芯料}=92.3+0.02m_{坯料}+1.7$，

得 $m_{坯料}=\dfrac{94}{0.98}\approx96(kg)$。钢坯体积为：$V_{钢坯}=\dfrac{m_{坯料}}{\rho}=\dfrac{96000}{7.85}=12\ 229(cm^3)$

齿轮锻件通常采用圆形钢坯镦粗锻造，此时钢坯的直径为：

$D_{钢坯}=0.8\sqrt[3]{V_{钢坯}}=184mm$，从钢材规格中选直径为 190mm 的热轧圆钢，其截面积为：

$A_{钢坯}=\dfrac{\pi}{4}D^2=283(cm^2)$，相应钢坯高度为 $h_{钢坯}=\dfrac{V_{钢坯}}{A_{钢坯}}=\dfrac{12229}{283}=43.2(cm)=432mm$ 因此，应选钢坯尺寸为 $\varphi190mm\times432mm$。

4. 选择工序与工具

选择变形工序和工具包括以下内容：确定锻件所必须的基本工序、辅助工序及修整工序；确定工序顺序和工序尺寸；选择所需的基本工具和辅具。

其中，变形工序的选择是编制锻造工艺的重要组成部分，也、是难度较大、影响因素较多的部分。选择时应结合车间的具体生产条件，尽量采用工序数量最少且操作方便、易于保证锻件质量、利于提高效率和降低消耗的工序。

表1—3列出了锤上锻造轴类件的工序方案，表1—4列出了水压机上锻造轴类件的工序方案。

表1—3　锤上锻造轴类锻件的工序方案

方案	工序过程	变形简图	适用范围
1	拔长→切头	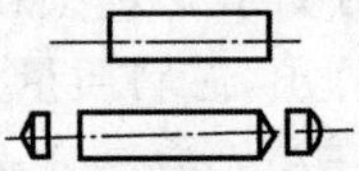	光轴类
2	拔长→切肩→拔长→切头	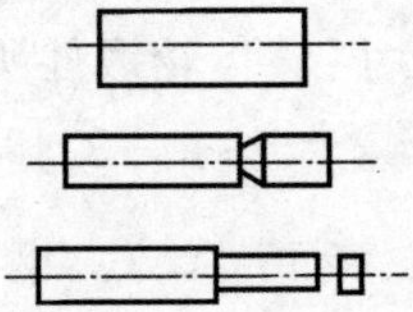	单 台阶轴类 双
3	拔长→切肩→拔长→切肩→拔长→切头	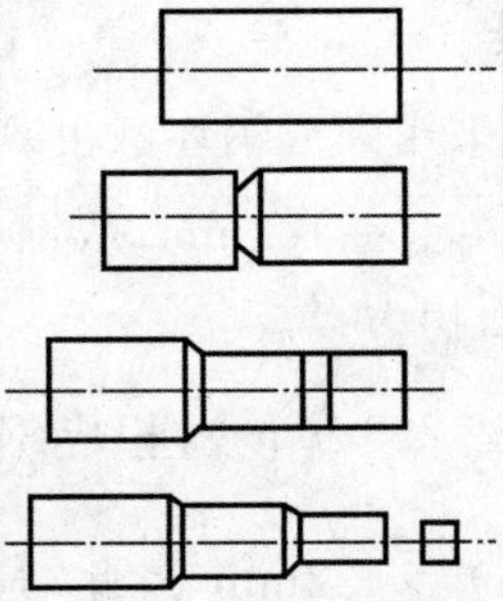	多台阶轴类

表 1—4　水压机上锻造轴类件的工序方案

方案	工序过程	变形简图	适用范围
1	压钳把→倒棱→拔长→切头→切下锻件	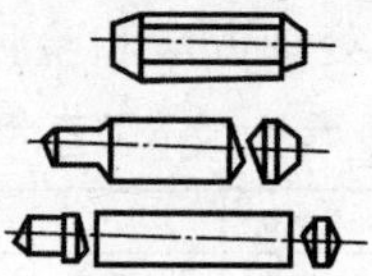	
2	压钳把→倒棱→拔长→切肩→拔长→切肩→拔长→切头→切下锻件	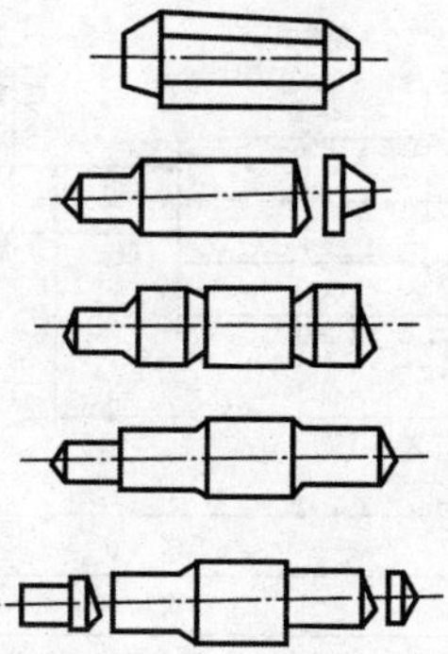	
3	压钳把→倒棱→切底部镦粗→拔长→切肩→拔长→切头→拔长→切肩→修整→切下锻件	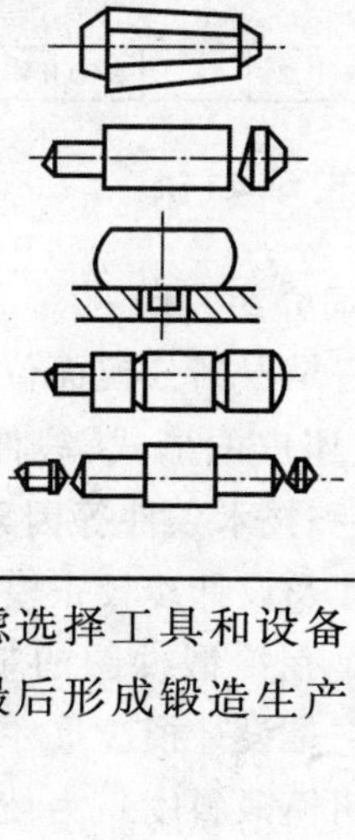	

当工序确定后，还应考虑选择工具和设备；确定加热规范和冷却规范以及给定工时定额，最后形成锻造生产的指导性工艺文件，即工艺卡片。

工艺卡片的内容包括：锻件名称、图号及草图；坯料规格、尺寸、材料牌号、重量、锻件重量和材料平衡表；加热火次、每火次的工序及变形过程、工具名称或设备简图；加热和冷却规范、工时定额、主要技术条件、热处理方法和验收方法等(表1—5)。

表1—5　工艺卡片式样表

<table>
<tr><td rowspan="2">×××有限公司</td><td rowspan="2">锻造工艺卡片</td><td>产品型号</td><td>JZ0011</td><td>零(部)件图号</td><td>001</td><td>第1页</td></tr>
<tr><td>产品名称</td><td>外圆磨床</td><td>零(部)件名称</td><td>阶梯轴</td><td>第1页</td></tr>
<tr><td colspan="5" rowspan="13">比例1∶3
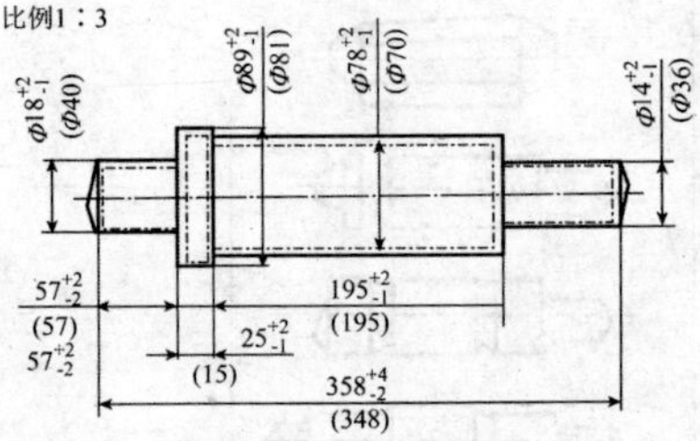</td><td>材料牌号</td><td>40Cr</td></tr>
<tr><td>材料规格/mm</td><td>$\phi100\times190$</td></tr>
<tr><td>毛坯重量/kg</td><td>11.7</td></tr>
<tr><td>零件数/坯</td><td>1</td></tr>
<tr><td>零件数/台</td><td>1</td></tr>
<tr><td>锻件重量/kg</td><td>10.3</td></tr>
<tr><td>切芯连皮重量/kg</td><td>0.841</td></tr>
<tr><td>火耗重量/kg</td><td>0.559</td></tr>
<tr><td>材料何处来</td><td>材料库</td></tr>
<tr><td>锻件何处来</td><td>毛坯库</td></tr>
<tr><td>冷却方法</td><td>空冷</td></tr>
<tr><td>锻后热处理</td><td>正火</td></tr>
<tr><td>锻造温度/℃</td><td>1200～800</td></tr>
<tr><td>变形工步说明</td><td>工序号</td><td colspan="3">工序内容</td><td>设备</td><td>工艺装备</td></tr>
<tr><td rowspan="4">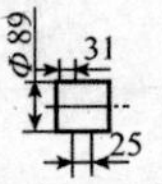</td><td>1</td><td colspan="3">二次加热</td><td>重油炉</td><td></td></tr>
<tr><td>2</td><td colspan="3">拔长、号印、切肩、锻台阶、滚圆、精整(校直)</td><td>两组锤</td><td></td></tr>
<tr><td></td><td colspan="3"></td><td></td><td></td></tr>
<tr><td>机加工工艺要求</td><td colspan="5">1. 机加工后调质</td></tr>
<tr><td>编制(日期)</td><td>2003—1—9</td><td>审核(日期)</td><td></td><td>会签(日期)</td><td></td><td>标准化(日期)</td></tr>
</table>

二、模锻工艺基础知识

1. 常用专业名词介绍

(1)冷锻件图：它是根据分模面位置、加工余量和公差、模锻斜度和圆角半径、冲孔连皮的形式、锻件金属流线的要求、力学性能试样位置、锻件材料和技术条件等因素所绘制的锻件图，并且还是检查锻件形状和尺寸及设计冷校正模的依据。

(2)热锻件图：是在冷锻件图的基础上，各尺寸相应地加上冷却收缩量而形成。它是设计模膛尺寸的依据。

(3)拔模角(又叫模锻斜度)：为使终锻成形的锻件从模膛中取

出，锻模模膛侧壁要有一定斜度，该斜度叫拔模角。锻件冷却时，趋向离开模壁的部分为外拔模角，用 a 表示；反之为内拔模角，用 b 表示，如图 1－25

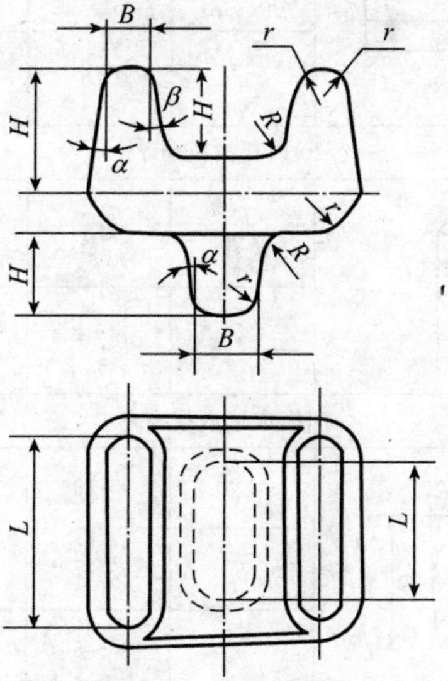

图 1－25　拔模角

确定拔模角时，需按锻件各部分高度与宽度之比值 $\frac{H}{B}$ 及长度与宽度之比值 $\frac{L}{B}$ 查表确定。

当上下模膛深度不相等时，应按模膛较深的一侧计算拔模角。平锻件的拔模角可查表 1－6 确定。

表 1－6　平锻件各种拔模角数值

冲头内成形拔摸角 α				
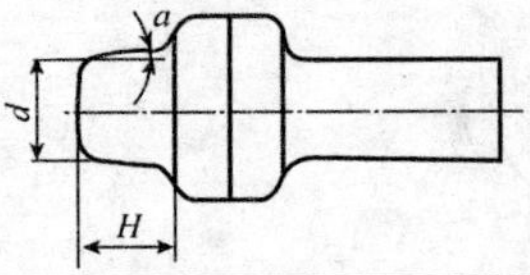	H/d	≤1	>1－3	>3－5
	α	0°15′	0°30′	1°00′
内孔拔摸角 γ				
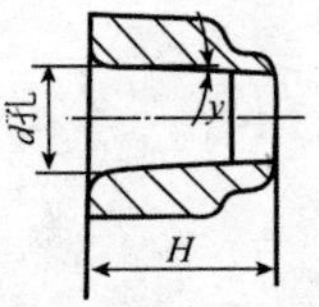	$\frac{H}{d孔}$	≤1	>1－3	>3－5
	γ	0°30′	0°30′～1°00′	1°30′
凹模成形内拔摸角 β				
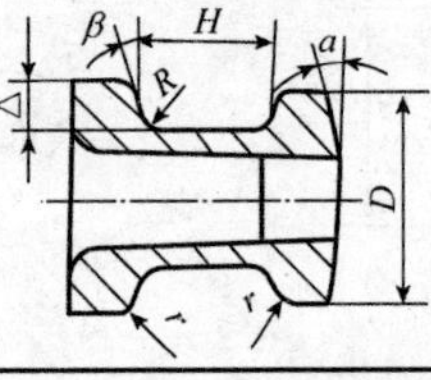	△	≤10	>10～20	>20～30
	β	5°～7°	7°～10°	10°～12°
	α	3°～5°	3°～5°	3°～5°

(4)分模线：上下模块的分界线叫分模线。分模线的形状有平直分模线和对称弯曲分模线[图 1－26(a)、(b)]、不对称弯曲分模线[图 1－26(c)]两类。分模线的选择，应本着操作方便、利于节约金属材料和降低模具制造成本，便于金属充满模膛，以及尽量延长模具寿命的原则进行。

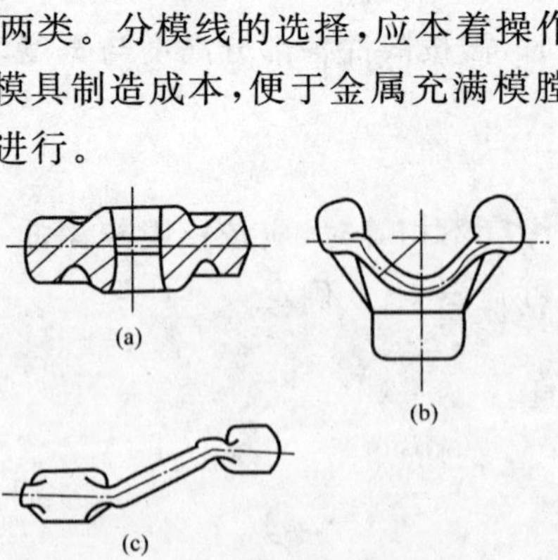

图 1－26　分模线形状类型

(5)圆角半径：锻件的凸角圆角半径称为外圆角半径(r)，锻件的凹角圆角半径称为内圆角半径(R)，如图 1－27。

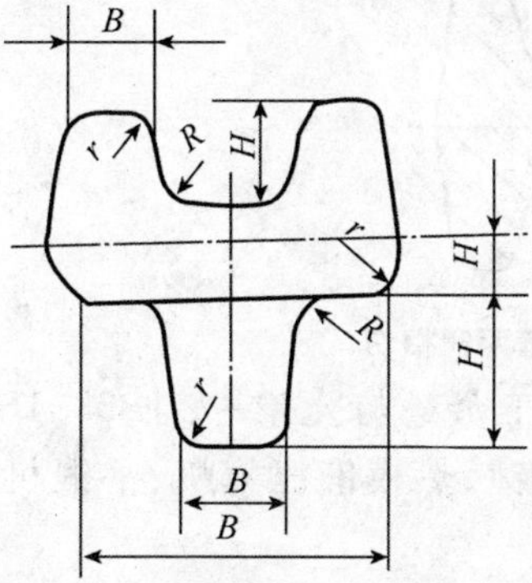

图 1－27 圆角半径

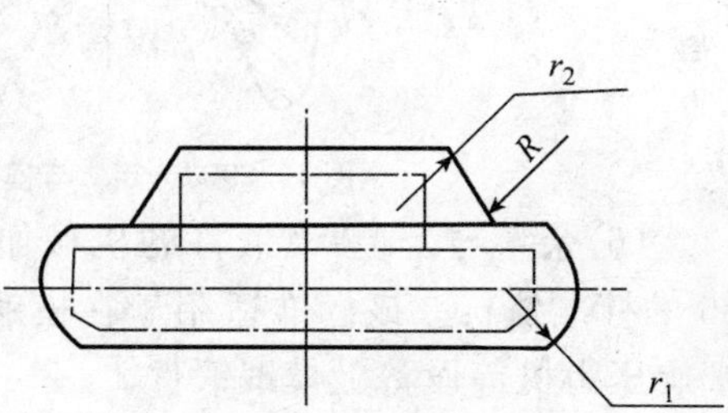

图 1－28 凸角处的余量

为了保证锻件凸角处的最小余量，应取 r_1＝余量＋零件的倒角值；若无倒角，r_2＝余量值，如图 1－28。

制模模具时，为便于所用刀具的标准化，圆角半径应按下列数值选用：1.0、1.5、2.0、2.5、3.0、4.0、5.0、6.0、8.0、10.0、12.0、15.0……当圆角半径大于 15 时，逢 5 递增。

圆角半径的数值是按锻件各部分的高度与宽度之比值学来初步确定，然后再根据表 1－7 所列的公式计算后按系列数值选取。

表 1－7 圆角半径计算表

H/B	r	R
≤2	0.05H＋0.05	2.5r＋0.5
＞2－4	0.06H＋0.05	3.0r＋0.5
＞4	0.07H＋0.05	3.5r＋0.5

当选取的外圆角半径 $r\geqslant\frac{B}{2}$ 时，则采用选定 r 的方式与模壁两侧相切，如图 1－29。

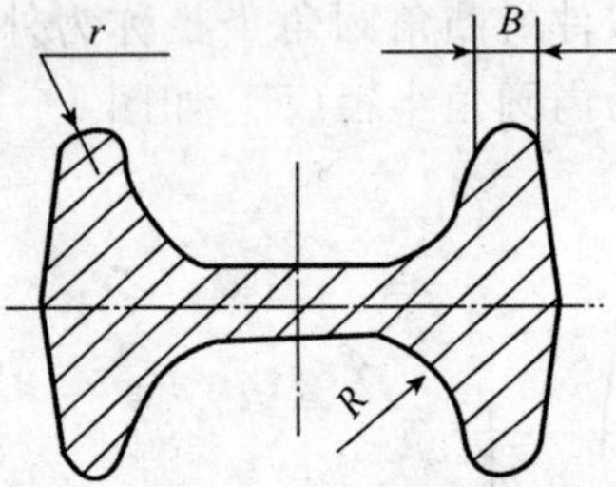

图 1—29 选定 r 与模壁两侧相切

(6)余量与公差：模锻件的机械加工余量与公差，按 JB3834—85 的标准执行。该标准适用于在模锻锤、热模锻压力机、平锻机、螺旋压力机等设备上模锻锻件。

影响锻件余量公差的主要因素有锻件质量、锻件形状复杂系数、分模线形状、锻件的材质系数、零件的加工精度和加热条件件等，以下分别予以介绍：

①锻件质量：是根据锻件基本尺寸计算得出，然后可按此质量查表确定公差余量。

②锻件形状复杂系数(S)：它是锻件质量与相应的锻件外廓包容体(图 1—30)的质量之比。即：$s=\frac{m_{\text{锻件}}}{m_{\text{外廓包容体}}}$。

根据 S 的大小不同，我们把锻件形状复杂系数分为四级。一是简单，$S_1>0.63\sim1$；二是一般，$S_2>0.32\sim0.63$；三是较复杂，$S_3>0.16\sim0.32$；四是复杂，$S_4\leqslant0.16$。

当锻件为薄形圆盘或法兰时(图 1—30)，其圆盘厚度和直径之比寺$\leqslant$0.2 时，可不作计算，而直接采用 S_4 级。

③锻件材质系数：分 M_1 和 M_2 两种。M_1 指含碳量最高不超过 0.65％的碳钢和合金元素总含量不超过 3％的合金钢。M_2 指含碳量$\geqslant$0.65％的碳钢或合金元素总含量$\geqslant$3％的合金钢。

④零件的加工精度：它是确定加工余量的重要依据，标准适用于零件表面粗糙度高于 Ra3.2 μm 的表面。当零件的表面粗糙度低于 Ra3.2 μm 时，其余量要适当加大。对于扁薄截面或在锻件相

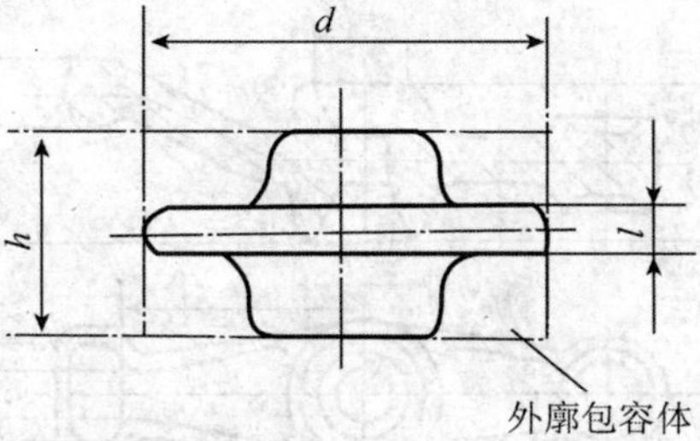

图 1—30 薄形圆盘或法兰

邻部位截面变化较大的零件(图 1—31),在长度£范围内应适当加大局部余量。

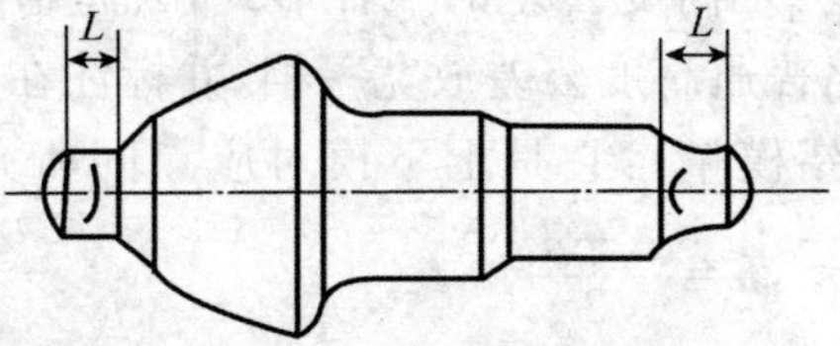

图 1—31 局部加放余量

⑤加热系数:加热系数是按煤气或油料(包括天然气)等燃料考虑的。

公差值应根据锻件尺寸、质量、精度级别、形状复杂系数以及材质系数等查表确定,具体介绍如下:

①长度、宽度和高度公差:是指在分模线一侧同一块模具上分别沿长度、宽度和高度方向的尺寸公差,如图 1—32。

a. 在一块模具中的锻件长度方向尺寸 b. 在一块模具中的锻件宽度方向尺寸 c. 在一块模具中的锻件高度方向尺寸 d. 跨越分模线的厚度尺寸。

说明:对于长度、宽度、高度公差,若属外表面尺寸,其上下偏差按+2/3 和−1/3 的比例分配[图 1—33(a)];若属内表面尺寸,其上下偏差按+1/3 和−2/3 的比例分配[图 1—33(b)];但台阶高度尺寸公差按±1/2 的比例分配,中心到边缘的尺寸按±1/2 的总公差分配[图 1—33(a)]。

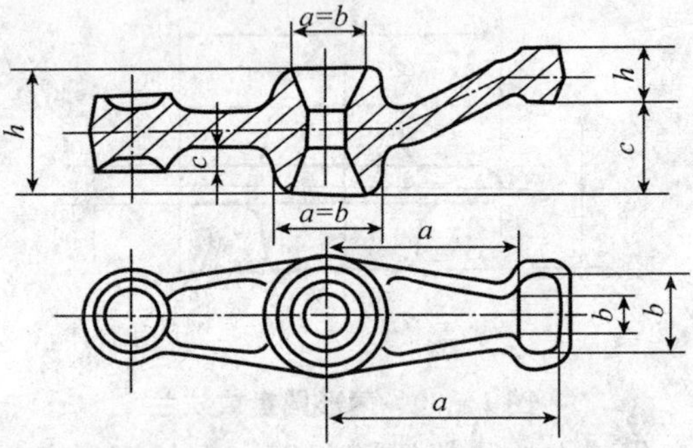

图 1－32　零件的长宽高尺寸公差

②落差公差：是高度公差的一种形式，公差值按±1/2 的比例分配。一般它比普通高度公差放宽一档，并标注在锻件图上。

③错差（即错模量）：它是上下模对应点间所允许不对准的范围，并用下式表示：$n=\frac{a_2-a_1}{2}$

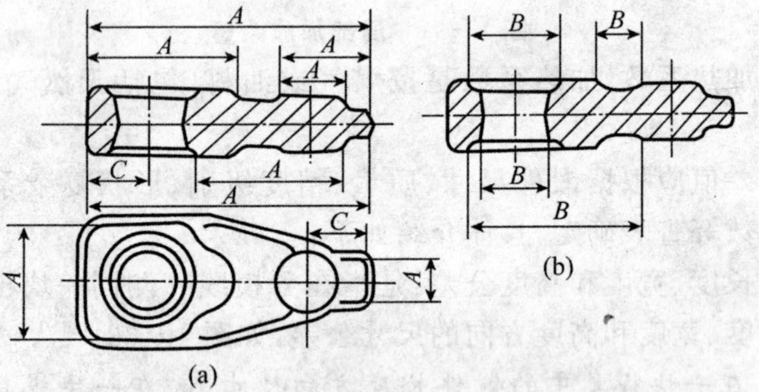

图 1－33　外表面尺寸偏差的分配

式中：n 为错差；a_l 为平行于分模线的最小投影长度或者宽度尺寸；a_2 为平行于分模线的最大投影长度或者宽度尺寸。a_1、a_2 如图 1－34。

④横向残留飞边公差及切人锻件深度：锻造时由于切边条件的变化，在锻件四周可能存在横向残留飞边或切人锻件（图 1－35）切入锻件的深度取横向残留飞边允许值的一半。

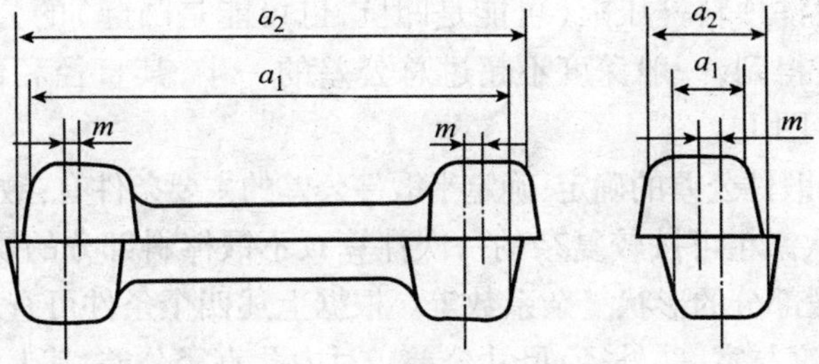

图 1—34　锻件的错差

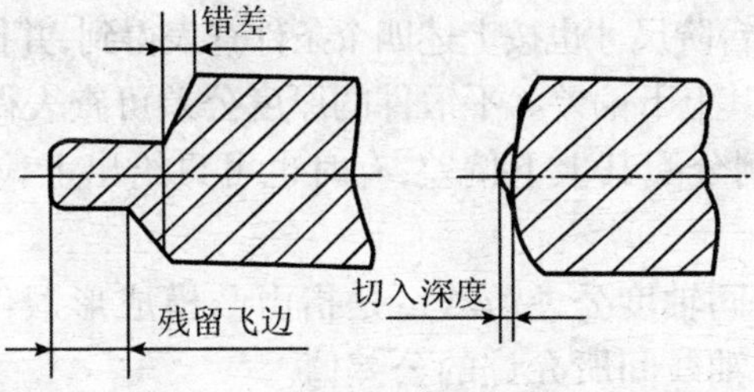

图 1—35　横向残留飞边和切人深度

⑤冲孔公差：可按孔径尺寸查表得总公差，再按＋1/4 和－3/4 的比例分配其上下偏差。若要严格限制冲孔公差，则应按特殊公差标注在锻件图的相应尺寸上。如图 1—36。

⑥跨越分模线的厚度尺寸公差：可以按锻件的最大厚度尺寸查表得其公差，然后按＋3/4、－1/4 的比例或＋2/3、－1/3 的比例分配其上下偏差。

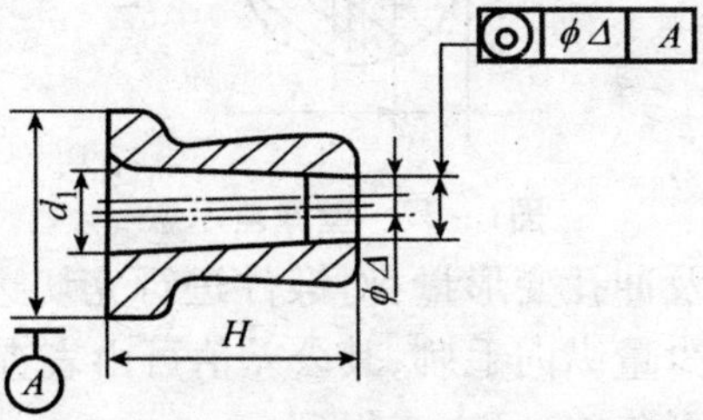

图 1—36　冲孔件同轴度公差的标注

⑦锻件顶料杆压痕（可能是凹坑，也可能是凸起）的公差：该公差可查表得到，一般深度不超过总公差的一半，其直径和位置应标注在锻件图上。

⑧平锻件公差的确定：确定平锻件公差的主要条件有：镦锻部分的质量（两次镦粗可按较复杂的一次汁算）、不锻棒料部分的质量、材质系数、镦锻部分的形状复杂系数等。根据上述四个条件可查表得平锻件杆部长度与宽度（外径）尺寸公差。对内孔直径公差，其上下偏差值应取相反方向，即按 +1/3、— 2/3 的比例来分配。

平锻件的台阶尺寸也按上述四个条件查表得到，并按 +2/3、-1/3 的比例来分配其上下偏差。平锻件的厚度公差可查表得到，并按 +3/4、-1/4 的比例分配其上下偏差；有时也可只给出上偏差（下偏差为0）。

平锻件的同轴度公差（$\varphi\Delta$）：是指由凸模成形锻件轴线与凹模成形锻件外径轴线间所允许的公差值。

⑨壁厚差（B）：是指冲孔件在同一横截面内最大、最小壁厚尺寸的差值，如图 1 - 37。计算公式为：$B = K_{max-}\ K_{min}$。当镦粗比≥7或为薄壁件时，同轴度公差应放宽一档。

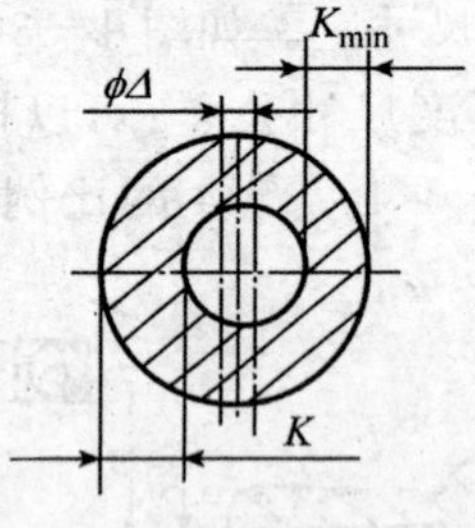

图1 - 37　壁厚差示意

⑩纵向毛刺及冲孔变形量：对锻件进行完切边和冲孔后，允许锻件边缘上残存少量纵向毛刺，其公差值可由表查得。

⑪剪切端变形公差：可查表得到。

⑫表面缺陷深度：对机加工表面，其最大深度不超过加工余量

的一半。对非机加工表面,其最大深度不超过最大厚度公差的去。

⑬直线度和平面度公差:直线度是指零件的理论中心线与实际中心线之间的允许偏差[图1-38(a)];平面度公差是指零件的理论平面与实际平面间的允许偏差。

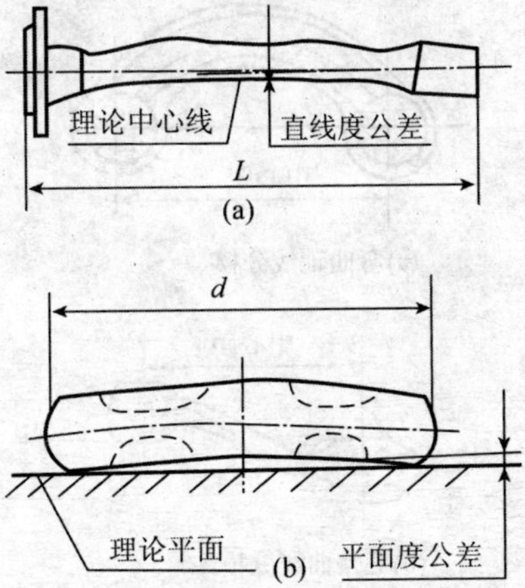

图1-38　直线度和平面度公差

⑭中心距尺寸公差:标准中规定的中心距尺寸公差,仅适用于平面直线分模,且在同一半模具内的距离尺寸(图1-39)。

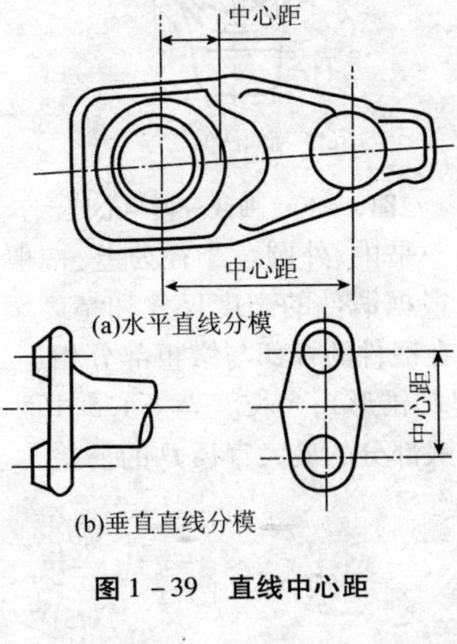

图1-39　直线中心距

注意:表中的数值对下列情况不适用:一是直线分模,但在投影平面上具有弯曲轴线的锻件[图1-40(a)];二是具有落差的曲线分模锻件[图1-40(b)];三是由曲面连接的平面间凸部的中心距[图4-40(c)]。

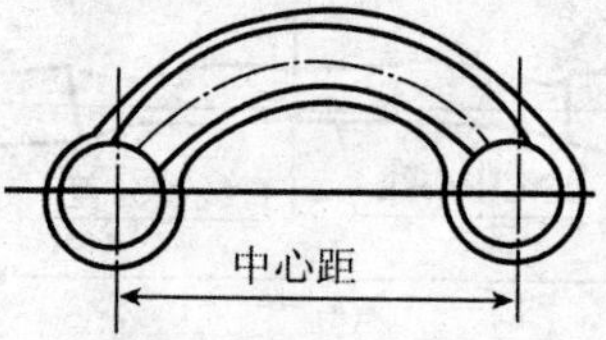

(a)弯曲轴线分模

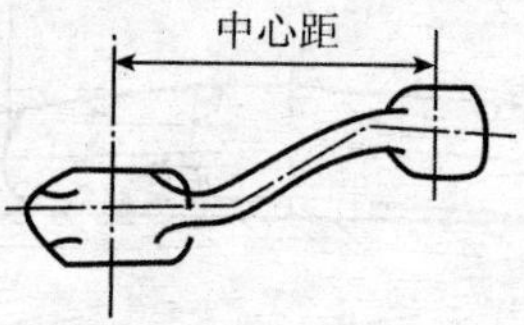

(b)落差曲线分模

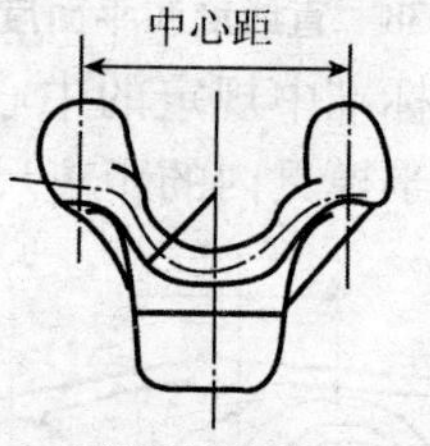

(c)平面间凸部

图1-40　曲线分模中心距

⑮其他公差:一是内、外圆角半径公差:一般不作要求。二是模锻斜度公差:可根据锻件的高度尺寸和精度级别查表得到。三是局部变形公差:在锻件的杆部与镦粗部分相连处,允许产生局部变形(图1-41,呈圆锥形);当长度等于1.5 d而不超过100mm范围时,允许采用镦锻部分的最大直径 *D* 的公差。

2. **绘制锻件图示例**

例 10：已知图 1－42 为平锻倒档齿轮，图中点画线所示为零件尺寸，材料为 18CrMnTi，材质复杂系数为 M_1，锻件精度等级为普通级。试绘制其锻件图。

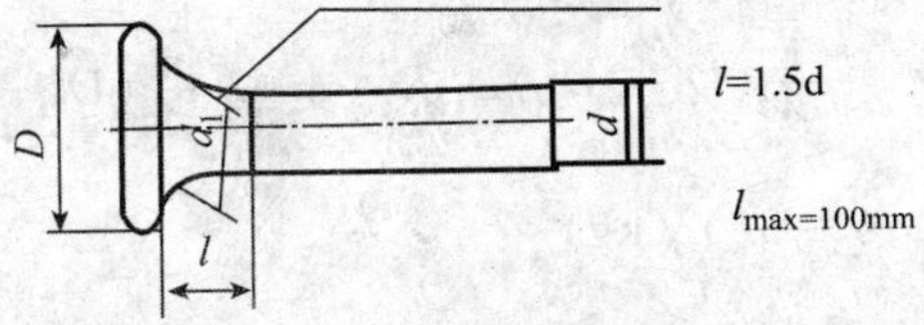

图 1－41　圆锥形局部变形

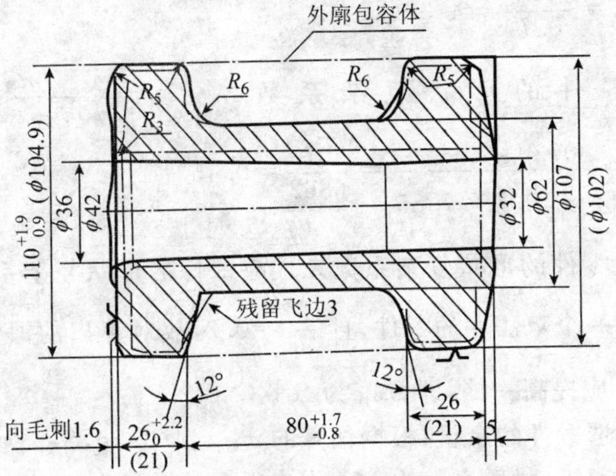

图 1－42　倒档齿轮锻件图

技术要求

1. 表面缺陷深度不大于 1.0 mm
2. 错差不大于 0.7 mm
3. 残余飞边：横向不大于 3mm，纵向不大于 1.6 mm
4. 热处理：正火，硬度 156～207HBS（dB 4.8－4.2）
5. 表面清理，抛光
6. 未注尺寸公差按 JB 3834，普通级

7. 锻件内部质量按 JB 3835 第三类

解：绘制步骤如下：

①估算锻件质量 $m_{锻件}$ 和形状复杂系数：锻件图未绘出以前，要先选择锻件的余量和公差，可以先估算 $m_{锻件}$ 和 $S_{锻件}$。

经计算其值为：

$$m_{零件} = \frac{\pi}{4}(D_1^2-d^2)L_1\rho + \frac{\pi}{4}(D_2^2-d^2)L_2\rho + \frac{\pi}{4}(D_3^2-d^2)L_3\rho = 3.07(\mathrm{kg})$$

若考虑零件的材料利用系数为 0.70，则锻件的质量为：

$$m_{锻件} = \frac{3.07}{0.7} = 4.39(\mathrm{kg})$$

而零件的形状复杂系数 $\delta'_{零件} = \frac{m'_{零件}}{m'_{零件外廓包容体}} = \frac{3073}{\frac{\pi}{4}\times 10.5^2 \times 10.1 \times 7.85} = \frac{3073}{6862} = 0.45$

当以零件的形状复杂系数来代替锻件的形状复杂系数时，应考虑这是一个双法兰的零件，且 $\frac{e}{d}=0.2$，故对算出的锻件形状复杂系数 S 应提高一档，即 $S_{锻件}$ 为 S_3。

②初选锻件的余量：根据估算的 $m_{锻件}$：4.39kg，$S_{锻件}$ 为 S_3，锻件精度为普通级，材质系数为 M_1，查表得有关余量为：

厚度(直径)：2.0～2.5mm，取为 2.5mm；

水平(厚度)：2.0～2.5mm，取为 2.5mm；

内孔(直径)：3mm。

③确定锻件的拔模角：根据孔深与孔径之比 $\frac{h}{d}\approx 3$，且△＝24 时，其拔模角为：

内孔拔模角：$r=1°30'$；

外拔模角：$a=3\sim7°$，按提高一档取 7°；

内拔模角：$\beta=10\sim12°$，取 12°。

④确定锻件的圆角半径：根据零件图的形状和尺寸，并考虑余量和倒角后，确定的圆角半径为：内孔倒角处 $r_2=3\text{mm}$，凸角外圆角半径 $r_1=5\text{mm}$，凹处内圆角半径 $R=6\text{mm}$。

⑤锻件质量和形状复杂系数的核算：在考虑上述余量、拔模角和圆角半径后，需重新核算锻件质量（$m_{锻件}$）和形状复杂系数（$S_{锻件}$）。

计算锻件质量时，可将其分作三个圆筒体和三个三角形环形余面。为计算方便起见，对内孔先按最小孔径 φ 32 计算，然后再减去内孔多算的三角形环锥体。具体计算结果如下：

大头环体：$m_1=-\dfrac{\pi}{4}(D_1^2-d^2)L_1\rho=1\,775(\text{g})$；

中间筒体：$m_2=\dfrac{\pi}{4}(D_2^2-d^2)L_2\rho=938(\text{g})$；

小头环体：$m_3=\dfrac{\pi}{4}(D_3^2-d^2)L_3\rho=1\,670(\text{g})$；

大头余面：$m_4=\dfrac{\pi}{4}(D_1^2-d_2^2)l_1\rho=130(\text{g})$；

小头令面：$m_5=\dfrac{\pi}{4}(D_3^2-d_2^2)l_2\rho=l\,12(\text{g})$；

小头余面：$m_6=\dfrac{\pi}{4}(D_3^2-d^2)l_3\rho=161(\text{g})$；

内孔锥体：$m_7=\dfrac{\pi}{4}(D_1^2-d^2)l_4\rho=67(\text{g})$；

故 $m_{锻件}:m_1+m_2+m_3+m_4+m_5+m_6-m_7=4.72(\text{kg})$。

此时，当锻件外廓尺寸考虑 1/2 正公差时，只需将 m_1 和 m_3 的外径和厚度计入 1/2 正公差，就可算出该锻件的质量为 4.85kg。而锻件的形状复杂系数，按上述锻件质量可算得：

$$S_{锻件}=\frac{m_{锻件}}{\dfrac{\pi}{4}D^2LP}=0.57$$

此值介于 0.32～0.63 之间，但考虑该锻件系两端带法兰且有深孔，故锻件形状复杂系数提高一个档次，取 $S_{锻件}$ 为 S_3。

⑥锻件余量和公差的确定：根据上面计算得到的锻件质量（$m_{锻件}=4.72kg$）及 S_3、M_1 和普通精度等级，对锻件的余量和公差确定如下：

直径方向：φ104.9 及 φ102 处，单面余量取 2.5，公差按双向分布取 $^{+1.9}_{-0.9}$ φ042 处单面余量取 3，公差取 $^{+1.7}_{-0.8}$。

水平方向：两端法兰厚 21 处，单面余量取 2.5，公差按单向分布取 $^{+2.2}_{0}$；长度在 77.5 处，余量取 2.5，公差取 $^{+1.7}_{-0.8}$。

同轴度：查表得为 1mm。

纵向飞刺：查表得高度为 1.6mm。

横向残留飞边：可由双方协商，在此取 3mm。

⑦绘制锻件图：将上述余量、公差、拔模角、圆角半径等加注在零件图的相应位置上，绘出图的锻件图。

三、胎膜锻造工艺基础知识

1. 胎模锻件图的制定：同模锻一样，胎模锻件图亦分冷、热两种，并以热锻件图作为设计制造胎模的依据。制定胎模锻件图的步骤如下：

(1)选择分模面：上、下模的分界面或拼合模的拼合面叫分模面。不同结构的胎模有不同的分模面，当锻造工艺和胎模类型确定后，分模面的位置也就相应地确定了。

①套模、垫模锻件的分模面：开式套模的分模面应设在锻件最大截面的端面；闭式套模锻造时，因冲头的最终位置决定了坯料体积的大小，故没有固定的分模面，但仍以锻件的最大断面端面作为胎模的分模面和垂直导向面。

拼分镶块套模是多向分模，其分模面有镶块的拼分面，如图 1—43。另外，还有同一般开式套模一样的水平分模面，如图 1—

44 (a)。

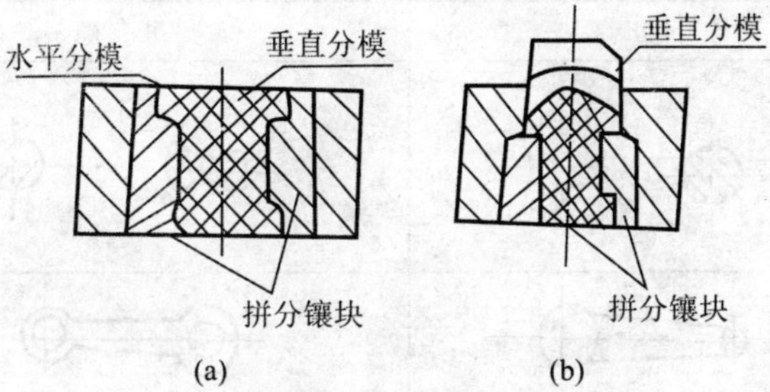

图 1—43　拼分镶块套模的分模面

②合模锻件的分模面:当采用合模锻造时,选择分模面的原则如下:一是选择的分模面位置,应保证终锻后的锻件便于从模膛中取出,。二是分模面的位置应使模膛的深度最浅、宽度最大。三是分模面应设在锻件最大截面的中部。四是应尽量采用平面分模,以简化模具的结构。

(2)余块、加工余量与公差的确定：余块的添加与否取决于零件形状、尺寸和生产批量及胎模类型和操作技术水平等因素，一般凭经验确定。在确定余块时，应注意正确处理节约金属材料、减少机加工工时与增加锻造工时、降低胎模寿命之间的关系。图 1—44a) 零件，用闭式套模锻造 [图 1—44 (c)] 的余块要比用开式套模锻造的余块小 [图 1—44 (b)]，但模具质量要比开式套模大，生产率也低。当用拼分镶块闭式套模锻造时 [图 1—44 (d)]，余块比闭式套模锻造的小，但模具质量更大，模具寿命及生产率更低。

表 1－8　合模锻件分模面的选择原则

序号	不正确	正　确
1	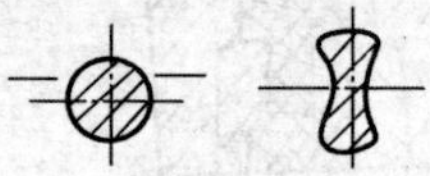	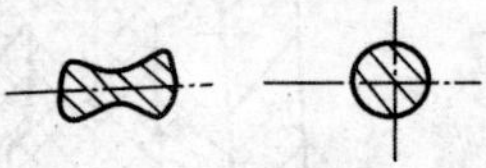
2	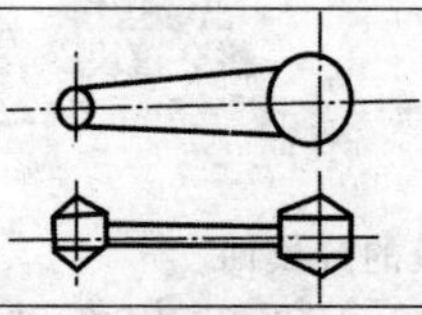	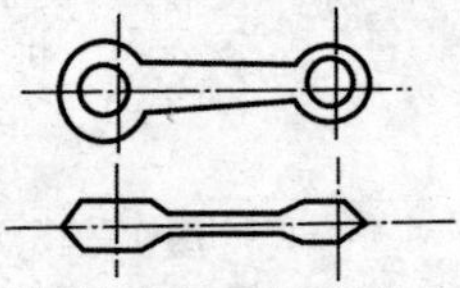
3	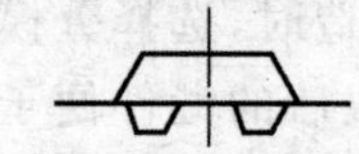	
4	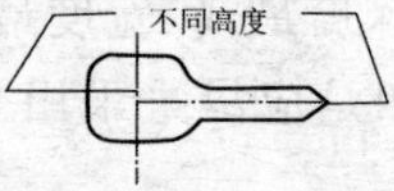	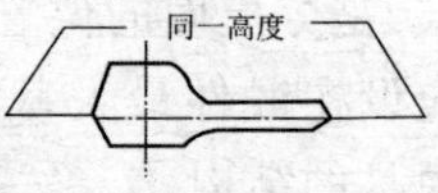

胎模锻件的余量和公差是根据零件形状、尺寸、零件表面粗糙度和所用胎模种类确定的，其确定方法如下：

①型摔成形的锻件余量和公差：按零件成形部分长度 L 和成形部分直径 D，查表得到。

②套模、垫模成形类锻件的余量和公差：根据零件的最大截面尺寸（D 或 L）和最大高度尺寸（H）查表获得。

例 11：确定图 1－45(a)齿轮零件采用套模锻造时的机加工余量及公差。

解：已知零件的最大高度 $H=53$mm，最大直径 $D=190$mm，查表得高度尺寸余量及公差为 $5.0^{+2.5}_{-1.0}$，直径余量与公差为 $5.5^{+2.0}_{-1.0}$。有关计算结果如下：

零件尺寸锻件尺寸

φ80（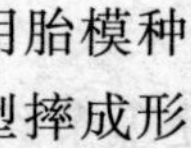）φ80

φ160（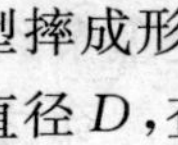）φ160

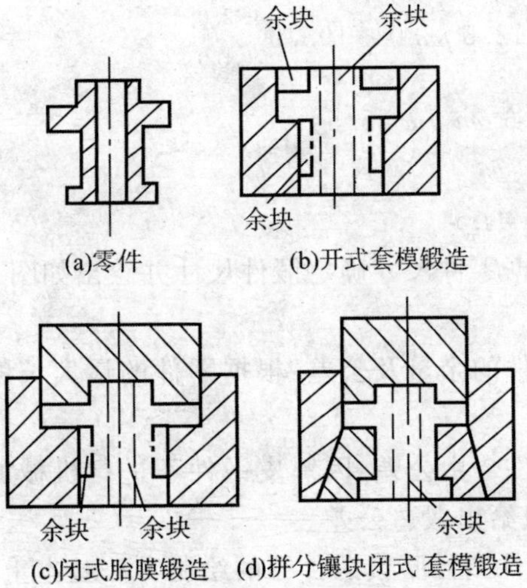

(a)零件　(b)开式套模锻造

(c)闭式胎膜锻造　(d)拼分镶块闭式 套模锻造

图 1—44　采用不同胎膜锻造时的余块

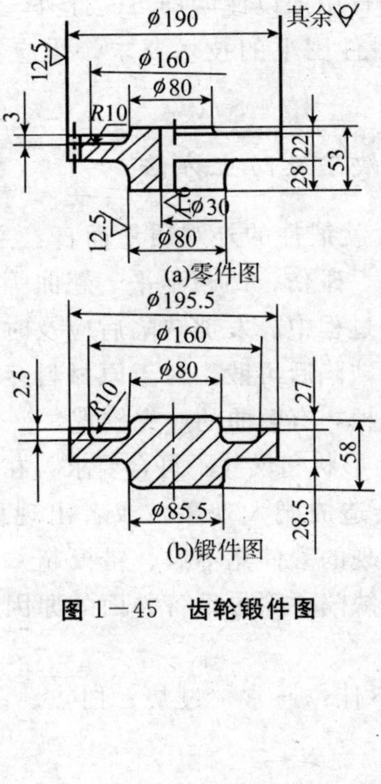

(a)零件图

(b)锻件图

图 1—45　齿轮锻件图

$\varphi 190(Ra12.5\mu m)\ \varphi 195.5^{+2.0}_{-1.0}$

$\varphi 80(Ra1.6\mu m)\ \varphi 85.5^{+2.0}_{-1.0}$

高度 $5358^{+2.5}_{-1.0}$

接下来根据零件尺寸确定锻件尺寸并绘出如图 1—44(b)的锻件图。

③合模锻件的余量及公差：根据零件的最大长度和最大高度，查表得到。

④黑皮锻件自由公差：因黑皮锻件不进行机械加工，所以没有机加工余量，只给出锻造公差。

2. 绘制锻件图：胎模锻件图的绘制方法基本上与自由锻造锻件图的绘制方法相同，但在胎模锻件图上，各尺寸公差不必逐个标出，只在技术条件中加以注明即可。此外，凡是影响锻件质量而又不能表示在锻件图上的技术要求，均应在技术条件中加以说明。

四、锻件的缺陷及防止方法

1. 表面缺陷：就锻件的外观质量而言，主要有裂纹、折叠、重皮、凹坑、麻点、碰伤、凹凸不平、翘曲等表面缺陷，且这些缺陷多产生在锻造过程中。发现缺陷后应及时清除，如用喷火枪等工具清理完表面缺陷后再锻。对于原材料存在的原始裂纹等缺陷应在锻造前清理掉，有翘曲的应先校直。

2. 锻件的几何形状和尺寸不符合要求：在自由锻造时，锻件若任意放大余量会造成肥大现象，或者出现局部尺寸过大及过小。至于模锻件出现的锻件充不满、错模超差、厚度超差、压坏锻件、切边毛刺等缺陷，除去设备方面的原因外，多数是操作不当所致。

3. 内部质量不佳：通常，过烧、白点、晶粒粗大、中心偏斜、偏心、缩孔等是严重违犯工艺规程造成的后果；生产中必须严格执行加热、冷却及热处理规范，并遵守各道工序的操作规程和规则。总之，要严格执行工艺规程中的规定，才能有效防止上述缺陷的发生和提高生产效率。

第二章 备 料

第一节 生产材料的准备

1. **算料**

在加工一个锻件时，首先要计算它的质量，然后再根据锻件质量计算坯料的质量和尺寸。算料的主要目的是为了选定坯料尺寸以满足锻件对外形尺寸的要求。首先要准确地确定损耗质量(料头损失、冲孔芯料、刀口损失和火耗损失等综合起来统称锻件的材料损耗)和锻件质量，即：

$V_{坯料}=V_{锻件}+V_{工艺}+V_{烧损}$

式中 $V_{坯料}$——坯料的体积；

$V_{锻件}$——锻件的体积；

$V_{工艺}$——因轴端切头、冲孔连皮、模锻毛边等形成的工艺废料的体积之和；

$V_{烧损}$——因加热时的氧化和烧损的体积。

确定锻件的下料质量和整个锻件的材料消耗定额是相当重要的。不掌握算料知识，就会造成浪费：坯料算得太大，要切掉很多；坯料算得太小，锻不出要求的尺寸。

(1)直接计算方法

锻件的形状一般是各种几何形状的组合体，根据锻件图并见表1—1，就可以在分别算出组成锻件各部分的几何形状的体积后，算出锻件的质量。

算料的基本公式是：$G=\frac{V}{\rho}$

式中G——质量，kg。

ρ——密度，kg/m^3；对于碳钢，$\rho=7.85\times10^3kg/m^3$；不锈钢 1Crl3～4Crl3，$\rho=7.75\times10^3kg/m^3$；高速钢 $W18Cr4V$，$\rho=8.87\times10^3kg/m^3$；其他材料，可查阅有关手册。

V——体积，m^3.

例1：量得某一圆钢的直径 d 为 180mm，长度 L 为 160mm，求圆钢的质量。

解：已知钢的密度 $\rho=7.85\times10^3kg/m^3$。

圆钢的体积公式为：$V=\frac{\pi d^2L}{4}$

将密度、直径、长度及体积公式代人算料的基本公式，得：

$$G=\rho V=7.85\times10^3\times\frac{3.14\times(0.18)^2 0.16}{4}\approx32kg$$

用这样的计算方法很不方便，在生产中常使用计算器、算料盘或直接查表。

(2)算料盘算料方法

钢材算料盘是锻工最常用的算料工具。用算料盘可以计算各种钢材(包括铸钢、锻轧钢以及其他钢材)的质量，当然也可以计算改锻后的锻件尺寸。算料盘由刻有各种标记和数字的上下盘组成，其各部分名称如图 2—1 所示。

1)底盘。它是算料盘下面的大盘，上面有刻度(图 2—1)。

2)游盘。算料盘上面的圆盘，比底盘小，可与底盘相对转动。

3)A 部。底盘外周上的刻度。

4)B 部。游盘外周上的刻度。

5)标准数。指 A 部上刻度数字“1”。

6)外方圆部。在游盘上外周圆缺口部位的刻度。有方、圆两组，各有铜、铁(钢)铸的标准线。用于计算直径火边长为 100mm 以上的方、圆料的质量。

7)内方圆部。在游盘上小弧形孔的内侧上的刻度。用于计算

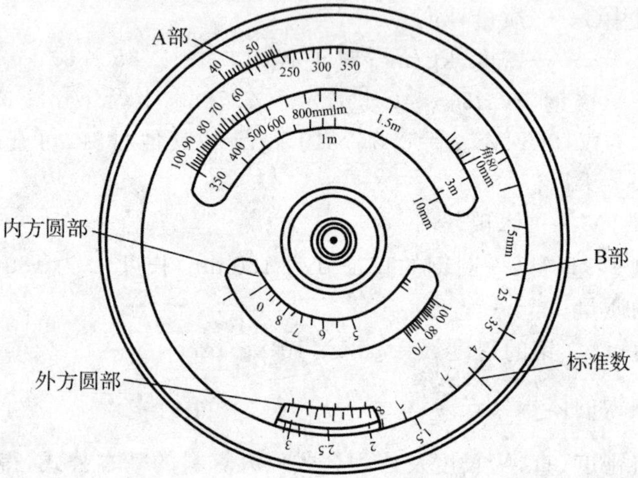

图 2—1　圆盘算料法

直径和边长为 100mm 以下的方、圆料和圆球的质量。

8)扁铁(钢)部。游盘上大弧形孔的外侧上的刻度。用于计算矩形截面扁钢材的质量。

9)扁铸(铁)部。游盘上大弧形孔的内侧上的刻度。用于计算矩形截面铸铁件的质量。

10)扁铜部。游盘上小弧形孔外侧上的刻度。用于计算矩形截面的铜料的质量。

下面举例说明几种不同形状钢材质量的计算方法。

方钢质量计算：

规则：要计算某一种规格的方(圆)钢质量时，先用方圆部(直径或边长≤100mm 的用内方或圆部，直径或边长≥100mm 的用外方圆部)的圆(方)标线和已知直径或边长的数字对准，再看 B 部钢材的长度数字相对应的 A 部数字就是钢材的质量。

例 2：有直径为 180mm，长为 1m 的圆钢，求其质量。

解：以外方圆部圆钢的标线对准 180，看 B 部 1m 所对 A 部的数字为 201，即为此圆钢的质量，单位为 kg。

例 3:有边长为 125mm,长为 1m 的方钢,求其质量。

解:以外方圆部方钢的标线对准 125,看 B 部 1m 所对 A 部的数字为 123,即为此方钢的质量,单位为 kg。

球体质量计算:

规则:把球的标线对在直径数字上,再看 B 部直径数字相对应的 A 部的数字就是球的质量。

例 4:有直径为 100mm 的钢球,求它的质量。

解 1:先把球的标线对在 100mm 上,B 部 100mm 相对应的 A 部的数字 4.1 就是球的质量,单位为 kg。

解 2:先按球径求出其外接四方体 100mm×100mm 的质量,然后再去角。方法是把 B 部球的标线对在标准数“1”上,A 部 7.85 相对应的 B 部的数值 4.1 就是球的质量单位为 kg 如果算料盘上没有“球”的标线,则可按上法倒运算回去,自已刻出标线。方法是以 B 部的 4.1 对准 A 部的 7.85,而后在 B 部相对于标准数“1”的地方刻线即得。

六角钢坯质量的计算:

规则:先计算内切原料的质量,然后再加上角部的质量。

例 5:有六角形钢坯,内切圆直径为 15mm,长为 1m,求其质量。

解:先用计算圆钢质量的方法求得圆钢质量是 1.38kg。求角部质量时把 B 部“6 角”对在标线“1”上,A 部 1.38 相对应的 B 部的数字 1.52 就是六角形钢坯的质量。如果算料盘上没有“6 角”的标线,也可自已刻出(与球体计算时刻法相同)。

(3)查表法

方钢、圆钢、六角钢和八角钢每米长的质量表 2－1. 扁钢每米长的质量见表 2－2。

当表 2－1 中的 d 增大或缩小 10 倍、100 倍……时,则质量相应地增大或缩小 100 倍、10000 倍……当表 2－2 中扁钢的长度、宽度、厚度增大或缩小 10 倍、100 倍……时,质量相应地增大或缩小

10 倍、100 倍……

例 6：圆钢 φ45mm×1000mm 的质量为 12.485kg（查表 2—1，按圆钢直径 d =45mm 查得）；

φ4.5mm×1000mm 的质量为 0.125kg；

φ450mm×1000mm 的质量为 1248.5kg；

φ450×100mm 的质量为 124.85kg；

φ45mm×10mm 的质量为 0.125kg。

扁钢的宽度、厚度和长度其中之一增大或缩小 10 倍、100 倍……时，质量相应地增大或缩小 10 倍、100 倍……

例 7：扁钢 8mm×40mm×1000mm 的质量是 2.512kg（查表 2—2得，其中扁钢厚度为 8mm，宽度为 40mm）；

80mm×40mm×1000mm 的质量是 25.12kg；

80mm×40mm×10000mm 的质量是 251.2kg；

8mm×40mm×100mm 的质量是 0.251kg。

表 2—1　方钢、圆钢、六角钢和八角钢每米长的质量

d /mm	质量/kg/m				d /mm	质量/kg/m			
	方钢	六角钢	八角钢	圆钢		方钢	六角钢	八角钢	圆钢
5	0.196	0.170	0.163	0.154	12	1.130	0.979	0.936	0.888
6	0.283	0.245	0.283	0.222	13	1.327	1.149	1.098	1.042
7	0.385	0.333	0.319	0.302	14	1.539	1.333	1.274	1.208
8	0.502	0.435	0.416	0.395	15	1.766	1.530	1.463	1.387
9	0.636	0.551	0.527	0.499	16	2.010	1.740	1.664	1.578
10	0.785	0.680	0.650	0.617	17	2.269	1.965	1.879	1.782
11	0.950	0.823	0.787	0.746	18	2.543	2.203	2.106	1.998
19	2.834	2.454	2.347	2.226	52	21.226	18.383	17.576	16.671
20	3.140	2.719	2.606	2.466	54	22.891	19.824	18.954	17.978
21	3.462	2.998	2.867	2.719	55	23.746	20.565	19.663	18.650
22	3.799	3.290	3.146	2.984	56	24.618	21.320	20.384	19.335

（续表 1）

d/mm	质量/kg/m				d/mm	质量/kg/m			
	方钢	六角钢	八角钢	圆钢		方钢	六角钢	八角钢	圆钢
23	4.153	3.596	3.439	3.261	58	26.407	22.874	21.866	20.740
24	4.522	3.916	3.744	3.551	60	28.260	24.175	23.100	22.195
25	4.906	4.243	4.063	3.853	62	30.176	26.133	24.986	23.700
26	5.307	4.596	4.394	4.168	64	32.154	27.846	26.624	25.253
27	5.723	4.956	4.739	4.495	65	33.166	28.724	27.463	26.049
28	6.154	5.330	5.096	4.834	66	34.195	29.614	28.314	26.856
29	6.602	5.517	5.467	5.185	68	36.298	31.436	30.056	28.509
30	7.065	6.119	5.850	5.549	70	38.465	33.313	31.850	30.210
32	8.038	6.962	6.656	6.313	72	40.694	35.243	33.696	31.961
34	9.075	7.859	7.514	7.127	74	42.987	37.223	35.594	33.762
35	9.616	8.328	7.963	7.553	75	44.156	38.242	36.563	34.680
36	10.174	8.811	8.424	7.990	76	45.342	39.267	37.544	35.611
38	11.335	9.817	9.386	8.903	78	47.759	41.361	39.546	37.510
40	12.560	10.878	10.400	9.865	80	50.240	43.510	41.600	39.458
42	13.847	11.993	11.4 66	10.876	85	66.716	49.118	46.963	44.545
44	15.198	13.162	12.584	11.936	90	63.585	55.067	52.650	19.940
45	15.896	13.767	13.163	12.485	95	70.846	61.355	58.663	55.643
46	16.611	14.386	13.754	13.046	100	78.500	67.983	65.000	6 1.654
48	18.086	15.664	14.976	14.205	105	86.55	74.95	71.66	67.97
50	19.625	16.996	16.250	15.413	110	94.99	82.26	78.65	74.60
115	103.62	89.91	85.98	81.54	235	433.52	375.44	358.96	340.48
120	113.04	97.90	93.60	88.78	240	452.16	391.58	374.40	355.13
125	122.66	106.22	101.56	96.33	245	471.20	408.07	390.16	370.08
130	132.67	114.89	109.85	104.20	250	490.63	424.89	406.25	385.34
135	143.07	123.90	118.46	112.36	255	510.45	442.06	422.66	400.90

（续表 2）

d /mm	质量/kg/m				d /mm	质量/kg/m			
	方钢	六角钢	八角钢	圆钢		方钢	六角钢	八角钢	圆钢
140	153.86	133.25	127.40	120.84	260	530.66	459.57	439.40	416.78
145	165.05	142.91	136.66	129.63	265	551.27	477.41	456.46	432.96
150	176.63	152.96	148.25	138.72	270	572.27	495.60	473.85	449.46
155	188.60	163.33	153.16	148.12	275	593.66	514.02	491.56	466.26
160	200.96	174.04	166.40	157.83	280	615.44	532.99	509.60	483.37
165	213.72	185.09	176.96	167.85	285	637.62	552.19	527.96	500.78
170	226.87	196.47	187.85	178.18	290	660.19	571.74	546.65	518.51
175	240.41	208.20	199.06	188.81	295	683.15	591.62	565.66	536.54
180	254.34	220.27	210.60	199.76	300	706.50	611.85	585.00	554.88
185	268.67	232.64	222.46	211.01	305	730.25	632.41	604.66	573.53
190	283.39	245.42	234.85	222.57	310	754.39	653.32	624.65	592.49
195	295.50	258.51	247.16	234.44	315	778.92	674.56	644.96	611.75
200	314.00	271.90	260.00	246.02	320	803.84	696.15	665.60	631.34
205	329.90	285.70	273.16	259.10	325	829.16	718.07	686.54	651.22
210	346.19	299.81	286.65	271.89	330	854.87	740.34	707.85	671.41
215	362.87	314.25	300.46	284.99	335	880.977	762.94	729.46	691.91
220	379.94	329.04	314.60	298.40	340	907.46	785.89	751.40	712.72
225	397.41	344.16	329.06	312.12	345	934.35	809.17	773.16	733.83

表 2—2 扁钢每米长的质量 kg/m

	厚 度/mm												
	4	5	6	7	8	10	12	14	16	18	20	22	25
16	0.502	0.628	0.754	0.879	1.005	1.256	1.507	—	—	—	—	—	—
18	0.565	0.707	0.848	0.989	1.130	3.413	1.695	1.978	—	—	—	—	—
20	0.628	0.785	0.942	1.099	1.256	1.570	1.884	2.198	2.512	—	—	—	—
22	0.691	0.884	1.036	1.209	1.382	1.727	2.072	2.418	2.763	3.109	—	—	—
25	0.785	0.981	1.178	1.374	1.570	1.963	2.355	2.748	3.140	3.533	3.925	—	—
30	0.942	1.177	1.413	1.649	1.884	2.355	2.826	3.297	3.768	4.209	4.739	5.181	6.888

（续表）

厚　度/mm													
35	1.090	1.374	1.649	1.923	2.198	2.748	3.297	3.847	4.396	4.946	5.495	6.045	6.869
40	1.256	1.670	1.884	2.918	2.512	3.140	3.768	4.396	5.024	5.652	6.280	6.908	7.850
45	1.413	1.766	2.120	2.473	2.826	3.533	4.239	4.946	5.652	6.359	7.065	7.772	8.881
50	1.570	1.963	2.355	2.748	3.140	3.925	4.710	5.495	6.280	7.065	7.850	8.635	9.813
55	1.727	2.159	2.591	3.022	3.454	4.318	5.181	6.045	6.908	7.772	8.635	9.499	10.794
50	1.884	2.355	2.826	3.297	3.768	4.710	5.652	6.594	7.536	8.478	9.420	10.362	11.775
65	2.041	2.551	3.062	3.572	4.082	5.103	6.123	7.144	8.164	9.185	10.205	11.226	12.756
70	2.198	2.748	3.297	3.847	4.396	5.495	6.594	7.693	8.792	9.891	10.990	12.089	13.738
75	2.355	2.944	3.533	4.121	4.710	5.888	7.065	8.243	9.420	10.598	11.775	12.953	14.719
80	2.512	3.140	3.768	4.396	5.024	6.280	7.536	8.792	10.048	11.304	12.560	13.816	15.700
90	2.326	3.533	4.239	4.946	5.652	7.065	8.478	9.891	11.304	12.717	14.130	15.543	17.663
100	3.140	3.925	4.710	5.495	6.280	7.850	9.420	10.990	12.560	14.130	15.700	17.270	19.625
110	3.454	4.318	5.181	6.045	6.908	8.635	10.362	12.089	13.818	15.543	17.270	18.997	21.588
120	3.768	4.710	5.652	6.594	7.556	9.420	11.304	13.188	15.072	16.956	18.840	20.724	23.550
130	4.082	5.103	6.123	7.144	8.164	10.205	12.246	14.287	16.328	18.369	20.410	22.451	25.513
140	4.396	5.495	6.594	7.693	8.792	10.990	13.188	15.386	17.584	19.782	21.980	24.178	27.475
150	4.710	5.888	7.065	8.243	9.420	11.775	14.130	16.485	18.840	21.195	23.550	25.905	29.488

2. 下料

除大、中型自由锻件采用钢锭为坯料外，一般锻件都采用各种金属棒料为坯料。棒料在锻造前一般要在专门的下料设备上按要求的尺寸切成段。当没有专门的下料设备时，就由锻工在自由锻的设备上进行剁料。

自由锻常用的下料方法有：锯切下料、剪切下料、冷折下料、砂轮切割、火焰切割和阳极切割等。

下料所使用的主要设备有：圆盘锯床、弓形锯床、剪切机、压力机、砂轮切割机、火焰割枪（割炬）、阳极切割锯等。

现将几种下料方法介绍如下：

（1）锯切下料

1）圆盘锯床上下料。圆盘锯床上带齿的圆形锯盘在电动机带动下慢速旋转并转动，从而把钢坯切断。锯盘的最大直径可达2m，能够锯切的坯料尺寸（直径或边长）在250mm以下。

2)弓形锯床上下料。弓形锯床上下料是由电动机带动带的锯条做往复运动,并同时向下移动,而把坯料切断。G72 型弓形锯床可以锯切的坯料尺寸(直径或边长)为 220mm 以下。对于直径特别小的棒料,也可成捆地锯切。

锯切下料的优点是切口断面平整,尺寸精确。缺点是生产效率较低,锯片厚度为 2mm~8mm,故有锯口损耗,同时,锯条和锯盘损耗较快。

(2)剪切下料

剪切下料一般在剪切机上进行。它可以剪断直径为 200mm 的钢坯。剪切下料的优点是生产效率高,由于无切屑损耗,提高了材料的利用率。剪切下料的缺点是剪切端面不平,略带歪斜,尤其在热态下剪切直径较大的钢坯料时更为严重。剪切下料一般多应用于大批量生产的锻造车间。

(3)冷折下料

自由锻由于很少配备曲柄压力机设备,所以冷折下料一般在水压机上进行。压力通过冲头传到材料上,从而使坯料沿预先的切口折断,其原料如图 2-2 所示。冷折下料适用于硬度较高的高碳钢及高合金钢,如 GCr15,GCr15Mn,GCrMnMo,GCrMnV 等轴承钢,其加热温度为 300~400℃。

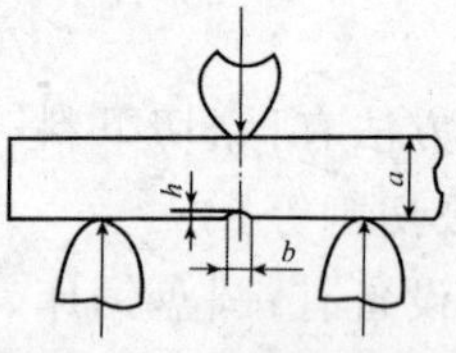

图 2-2　冷折下料

(4)砂轮切割

砂轮切割下料在砂轮切割机上进行。砂轮切割机可切割直径在 40mm 以下的任何硬度的金属坯料。砂轮切割的生产率高而且切割端面平整。缺点是薄片砂轮的损耗较大,工人的劳动条件较差，需要有良好的通风设备。

(5)火焰切割

主要用于大型钢坯和锻件的大断面切割（切割断面的厚度可达 1500mm），也可用于较大的胎模锻件切割毛边。

(6)阳极切割

其原理是利用电蚀作用和电化学腐蚀作用而切开金属坯料。切割的坯料尺寸为 30～300mm。这种方法的优点是生产率高，废料少，可以切割任何硬度的金属材料，切割的断面光洁。

除上述的切割方法之外，在近代又出现了一些先进的切割坯料技术，如等离子切割法、电子速切割法、激光切割法等。

常见的下料方法见表 2－3。

表 2－3 常见下料方法

下料方法	使用设备	特点及应用
车削切断	车床	用于切断端面质量及尺寸精度要求较高的毛坯。端面质量好、尺寸精度高、材料有损耗
锯切	弓锯床 半自动圆锯床 卧式整锯床	断面质量好，尺寸精度高，用于有色金属（如铝、镁、铜等）或端面尺寸精度要求较高的钢材下料。其中卧式带锯床的生产率较高，锯口部分金属消耗小，面使用弓锯床和半自动圆锯床时较大
砂轮片切割	卧式砂轮切断机	用于其他下料方法难以切割的金属，如高温合金等。断面质量好，尺寸精度高，生产率比锯切下料高，但不及剪切下料方法，切口部分金属消耗大
剪切	联合冲剪机 棒断剪切机（曲杯剪床） 钢坯剪断机 曲柄压力机 螺旋压力机	用于成批大量生产，是模锻毛坯的主要下料方法。生产率高，切口部分没有材料损耗。用普通剪切方法时，剪切端质量不如车削切断好，用精密剪切方法时，端面质量很好

（续表）

下料方法	使用设备	特点及应用
热剁切	算帐锻锤 算帐锻造水压机	用于自由锻毛坯的下料，毛坯需加热至锻造温度，端面质量差，下料长度不易控制，劳动条件不好
气割下料	氧气瓶、乙炔发生器、割炬	用于大截面毛坯和低碳钢、低碳低合金钢的切割，高碳钢、高合金钢和各种有色金属不能用气割方法下料。气割下料的端面质量差，精度低，生产率低，金属损耗大

第二节　锻件的冷却和热处理

1. 锻件的冷却

锻件或锻坯从终锻温度冷至室温的过程称为锻件的冷却，也称锻后冷却。它是锻造生产中的重要环节之一，也是影响锻件质量的重要因素。正确地加热和合理的锻造可以获得高质量的锻件，但因冷却不当，有可能使锻件发生变形弯曲，表面硬度过高或无法进行切削加工，严重时甚至使锻件产生裂纹、白点而使锻件报废，尤其对于高合金钢和大型锻件的锻后冷却更为重要。锻件的冷却按锻件的化学成分和其截面尺寸大小以及原材料质量等，可以采用很多不同的冷却方法。冷却方式选择不当，就会影响锻件质量。

(1)锻件冷却的缺陷

1)冷却裂纹锻件冷却不当，在各种应力综合作用下，当应力超过锻件强度时就会产生裂纹。主要的应力有锻后残余应力、温度应力和组织应力。

①锻后残余应力在锻造过程中，由于锻件各部分的变形温度、变形速度和变形程度都不同，即锻件内部的应变和温度分布都是很不均匀的，因而使金属内部产生相互作用的内应力。这些内应

力在锻后不可能全部及时地被消除，从而部分留存在锻件中，成为残余应力。

②温度应力冷却时，总是外层金属先冷却，体积发生收缩，对内部金属产生压力，而内部金属冷得慢些，其收缩小于外层，阻碍外层金属收缩，使外层金属受拉力。这种外层金属受拉力而内部金属受压应力的现象称为温度应力。

③组织应力在锻件的冷却过程中，内部组织也会随温度的变化而发生转变，由于不同的组织结构有不同的体积，所以金属的体积将随着温度的变化而改变。因为温度分布的不均匀，组织结构转变的先后次序也不同，为此，体积的变化也部均匀，从而产生内应力，即组织应力。例如奥氏体转变为珠光体时，体积增加 1%左右，就会产生组织应力。

2)产生白点 用钢锭锻制的锻件，冷却不当会在锻件的内部产生白点。白点是锻件冷却时产生的一种十分危险的缺陷，主要是由于钢中的氢和组织应力共同作用的结果。白点在锻件的断面上表现为细微的脆性裂纹，表面呈银白色，其形状接近圆形和椭圆形，使锻件力学性能急剧下降，引起脆性断裂。对于白点敏感的钢，例如马氏体和珠光体合金钢热处理时，减少组织应力和防止白点就成为主要任务之一。而对于白点不敏感的钢，例如奥氏体和莱氏体钢或钢液经真空处理，氢含量降至 2×10^{-6} 以下者，在冷却时基本上不会产生白点。

3)表面硬度过高和钢材变脆当锻件的冷却过快时，其内部的组织转变不一致，冷却速度快的表面层会产生硬度过高的组织。对于过共析钢，在 700℃以上缓慢冷却时，容易生成二次网状渗碳体，使钢变脆，在以后的热处理和其它加工过程中容易裂纹。

(2)锻件冷却的方法

根据不同的冷却速度，目前常用的锻件冷却方法有以下几种：

1)喷雾冷却利用鼓风机的风把从水管流出的水雾化后喷到锻件上进行的冷却。

2)风冷是指用鼓风机或穿堂风对锻件进行吹风冷却。

3)空冷锻件均匀地摆放在地面上,在静止空气中冷却。但不要放在潮湿的地面上,或金属板上,也不要放在有穿堂风的地方,以防锻件局部冷却太快引起变形、弯曲、裂纹等缺陷。

按冷却速度的快慢顺序,有三种常用的摆放方式,即分散放在地面上,有间隙地排列或堆放在地面上,紧密地成堆放置。空冷多用于碳的质量分数≤0.30%的低合金钢的中小型锻件。

4)坑(箱)冷锻件放在干燥的地坑或特制的铁箱中加盖冷却。

5)灰(砂)冷锻件埋入干燥的白灰、炉渣或黄砂之中进行冷却。一般锻件放入灰、渣、砂中的温度不得低于500℃,且周围蓄灰、渣、砂的厚度不应小于80mm。

坑(箱)、灰(砂)冷却多用于中碳钢、碳素工具钢和大多数低合金钢的中小型锻件。

6)炉冷锻件放入炉温为500～700℃的炉中保温一定时间后,随炉缓缓冷却,冷却速度可以按规定速度调节。炉内要避免冷空气进入,一般出炉温度不应高于100～150℃。

炉冷是最慢的冷却方法,但也是保证锻件冷却质量的最佳方法,可取代砂冷和空冷。炉冷一般多用于中碳钢和合金钢的大型锻件,以及高合金钢的重要锻件。

7)控制冷却终锻后控制锻件的冷却速度以达到一定目的的冷却方法。例如GCr15、9SiCr、T12等锻钢件,终锻后用喷雾快速冷到600～650℃,然后再放入坑中缓冷,避免产生粗大网状碳化物,又防止裂纹发生。还有的中碳结构钢锻后立即放入淬火介质,实现锻热淬火。再如渗碳钢锻件终锻后用冷或热风冷却,在5min左右冷却到等温温度后放入等温炉进行等温退火等。

8)等温扩氢退火等温扩氢退火是为防止钢中白点而进行的一种热处理冷却工艺。

(3)锻后冷却规范一般对于尺寸较小、形状简单的锻件因表面温度差较小,冷却速度可以快些,而尺寸较大,形状复杂的锻件之冷却速度应该慢些。碳钢和低合金结构导热性较好,表里温度差较小,其冷却速度可以快些,而高合金结构钢的导热性差,冷却速度就应慢些。模具钢、高速钢及不锈钢等锻件也应采用缓冷。所以,为了保证锻件质量,锻件锻后必须按照正确的冷却规范进行冷却。

冷却规范是根据锻件的化学成分‘锻造前钢锭或钢坯的原始质量、锻件的几何形状和截面尺寸等因素而确定。由于目前各地区、各工厂的生产条件不尽相同,均各自制定订了适合于本厂使用的冷却规范。表 2－4 所列规范仅供参考。另外,对于有色金属锻件,均采用空冷。

表 2－4 中小型锻件锻后冷却规范

类别	组别	钢号	最大散热尺寸/mm		
			≤100	101～200	201～300
Ⅰ	1	1Cr18Ni9,1Cr18Ni9Ti,2Cr18Ni9,4Mn18Cr4V	□	□	□
	2	10,15,20,25,30,35	□	□	□
	3	40,45,50,15Cr,20Cr	□	□	□
	4	55,60,Q345,60Mn,Q295,30Mn2,30Cr	□	□	□
	5	20CrV,20MnV,20MnMo,20MnMoV,35Cr,20CrMnTi,25MnTiBRE	□	□	○
	6	T7～T12	●	○	○
Ⅱ	1	45Mn2,50Mn2,55Si2,60Si2,35SiMn	□	○	○
	2	40Cr,40CrSi,40MnMo,25CrMnTi,30CrMnSi	□	○	○
	3	45Cr,55Cr,25Ni～50Ni	□	○	▲
	4	12CrMo,20CrMo,12CrMoV,12CrlMoV	□	○	▲
	5	15CrMnMoV,18CrMnMo,14CrMnMoVB	□	○	▲

（续表）

类别	组别	钢号	最大散热尺寸/mm		
			≤100	101～200	201～300
Ⅲ	1	12CrNi2,12CrNi4,18CnNiW,20CnNi	□	○	▲
	2	20Cr2Ni4,25CnNi4,20Cr3MoWV	○	▲	▲
	3	38CrMnMo,38CnMoAl	○	▲	▲
	4	40CnNiMo,40CnMnMo,45CrNiMoV	○	▲	▲
	5	40CrNi,50CnNi,35CnMo～60CrMo	○	▲	▲
	6	5CrNiMo,5CrNiW,5CrNiTi,5CrMnMo	○	▲	▲
	7	34CrNilMo～34CrNi4Mo,37CrNi3Al,Cr17Ni2	▲	▲	△
	8	15Cr11MoV,1Cr13～4Cr13	▲	▲	△
	9	Cr17,Cr25,Cr9Si2,Cr10Si2	▲	▲	△
	10	GCr6～GCr15,GCr15SiMn,CrWMn,3Cr2W8	●	▲	△
	11	7Cr3,8Cr3,Cr12,Cr12Mo,Cr12MoV	●	▲	△
	12	W9Cr4V,W18Cr4V	●	▲	△
	13	9Cr,9Cr2Mo,9Cr2W,9CrSi,Cr5Mo	●	▲	△

注:□空冷或堆冷;○坑冷;▲灰砂冷;△炉冷;●控制冷却。

2. 锻件的热处理

锻件的热处理是指锻件在切削工之前的热处理,也叫预备热处理或第一热处理。而锻件在切削加工之后进行的热处理又称为最终热处理或第二热处理。在锻造过程中,锻件的各部分形状、尺寸、加热温度、变形程度、终锻温度和冷却速度都是不相同的,因而导致锻件内部组织和性能的差异。由于锻件有较大的内应力和粗大晶粒,其力学性能就差,硬度也高,不利于切削加工,所以锻件必须进行热处理。

(1)锻件热处理的目的

1)降低钢中氢含量,减少组织应力。防止产生白点。

2)消除锻造后的内应力,改善切削加工性,为后道工序做好准备。

3)细化均匀晶粒,调整粗大不均匀组织,提高化学成分的均匀性,为最终热处理和无损探伤作好组织准备。

4)对不再进行第二热处理的锻件,锻后热处理还要得到必要的组织性能,以满足使用要求。

(2)锻件热处理的常用方法锻件热处理按其目的不同一般可分为两组:

第一组,锻件热处理的目的是既为金属切削加工提供切削性能,也为第二热处理作好组织准备。属于第一组的锻件通常用于渗碳钢、轴承钢、工具钢等来制作。

第二组,锻件热处理的目的是为了提高产品的性能,即要求得到适当的组织,达到产品技术要求,并且有适中的因硬度和较小的硬度偏差,以便在切削加工中获得经济的加工性,机械加工后不再进行整体热处理。属于该组锻件的一般由中碳钢和中碳合金钢等来制成。

锻件热处理最常见的方法有退火(包括完全退火、球化退火、等温退火等)、正火(包括正火加高温回火)和调质(淬火加高温回火)等三种

1)退火把钢(锻件)加热到适当温度,保温一定时间后缓慢冷却(一般随炉冷却)的热处理工艺称为退火。

退火的主要特点是缓慢冷却,目的是降低钢的硬度,提高塑性,以利于切削加工及冷变形加工;细化晶粒,均匀成分和组织,改善性能;消除钢中的残余内应力,以防止变形和开裂。

2)正火把钢(锻件)加热到 Ac_3 或 Ac_{cm} 以上 30～50℃,保温适当时间后,在静止空气中冷却到室温的热处理工艺称为正火。

正火的目的与退火目的基本相同,但正火的冷却速度比退火稍快,可获得较细的珠光组织,其强度、硬度比退火钢高些,因为它在冷却时所需时间比退火短,是一种最经济的热处理方法。

3)调质调质处理是将钢件淬火,然后进行高温回火的热处理工艺方法。调质可获得回火索氏体组织,常用于中碳钢和合金结构钢。其目的是获得良好的综合力学性能。

锻件的热处理种类及应用可参考表 2-5。

表 2—5 锻件的热处理种类及应用

名称	含义	处理目的	主要用途
不完全退火	将钢加热到 Ac_1 与 Ac_3（或 Ac_{cm}）之间，短时间保温后缓慢冷却的热处理工艺	以得到球状珠光体及球状碳化物组织，降低硬度，改善切削加工性能	主要用于工具钢，轴承钢冷模钢
完全退火（通常叫退火）	将亚共析钢加热到 Ac_3 以上 30～50℃，保温使之完全奥氏体化，且成分基本均匀后，随炉冷，砂中或耐火土粉中缓慢冷至 600℃左右出炉空冷，以得到平衡状态的组织	消除锻造应力，降低硬度，提高塑性，改善切削性能；消除粗大的晶粒，改善组织，为以后零件热处理作好组织准备	一般用于亚共析钢，如 5CrMnMo 等
等温退火	将钢件加热到 Ac_3 以上 20～30℃（亚共析钢）或 Ac_1 与 Ac_{cm} 之间（过共析钢）的温度，保温到完全奥氏体化并均匀后，快速冷到低于 Ar_1 以下的某一温度（即奥氏体最不稳定的温度）等温保持到奥氏体完全转变后，然后出炉空冷或随炉冷、油冷、水冷	得到比完全退火更为均匀的组织，有效地消除锻造应力。比完全退火可以缩短退炎时间，提高生产率	适用于亚共析钢、共析钢和过共析钢，如 20CrMnTi、5GrMnMo、Gr12MOV、T8 等
一般球化退火	将钢加热到 Ac_1 与 Ac_{cm}（或 Ac_3）之间，充分保温后，缓冷至 500～650℃出炉冷却	使钢件获得弥散分布于铁素体基体上的细粒状（球状）碳化物组织。改善切削性能，减少淬火时的变形开裂倾向性，使钢得到相当均匀的最终性能	用于轴承零件、刀具、冷伯模具等的预先热处理

（续表 1）

名　称	含　义	处理目的	主要用途
等温球化退火	将共析钢或过共析钢件加热到 Ac_1＋(20～30)℃(若原始组织中网状碳化物较严重，需加热到略高于 Ac_{cm})保温适当时间后冷却到略低于 Ar_1 的温度等温到奥氏体转变完毕，再炉冷或空冷	同球化退火	常用于碳钢及合金钢工具，冷作模具及轴承零件。可获得较好的碳化物球化质量和节省工艺时间
快速球化退火(正火一球化)	将过共析钢加热到 Ac_{cm}＋(20～30)℃，保温后空冷(正火)，得到细片状珠光体。然后再进行球化退火或等温球化退	同球化退火	用于锻造组织中珠光体片较粗网状碳化物较严重，球
正火(普通正火)	亚共析钢加热到 Ac_3＋6(30～50)℃，共析钢和过共析钢加热到 Ac_{cm}＋(30～50)℃，保温一定时间后空冷，得到珠光体型组织的热处理	细化组织，消除中碳钢的魏氏组织或过共析钢的网状碳化物，减小应力，改善切削加工性能	用于亚共析钢、共析钢和过共析钢的热处理
二段正火	按普通正火加热保温后，先把工作快冷到 Ar_1 以下 550℃左右，然后再放入炉内或灰中缓冷的热处理	减少变形和消除非正常组织	用于形状复杂或断面尺寸差别较大的工件或易产生非正常组织的钢材
淬火	将钢加热到 Ac_3＋(30～50)℃(亚共析钢)或 Ac_1 和 Ac_{cm}之间(过共析钢)，保温到获得相应的高温相，然后以大于临界冷却速度急冷以获得马氏体组织	对于钢，淬火为了获得不平衡组织，以提高强度和硬度。对于奥氏体不锈钢，淬火即为固溶处理，淬火是为了提高钢的抗蚀性和抗高温氧化性能	用于钢

（续表 2）

名　称	含　　义	处理目的	主要用途
锻热淬火（属高温形变热处理）	锻件在热锻成形后（终锻时工件温度一般在 900℃左右）立即入淬火介质急冷以获得淬火组织。是把热锻和热处理结合在一起的热处理工艺	为了提高锻件强度，改善塑性和韧性，而且可以简化工序，节约能源和提高劳动生产率	主要用于亚共析钢，例如 45 钢和 40Cr 等钢的热锻件
锻热等温退火	锻件热锻成形后，采用控制冷却，一般 5min 左右冷却至 Ar_1 以下某个温度等温，使过冷奥氏体完全转变为铁素体，珠光体型组织，并适当保温后随意冷却的热处理	为了获得均匀的平衡组织，消除锻造应力，改善切削加工性能；对有些材料可以缩短转变时间；节约能源	主要用于合镏金渗碳钢锻件预先热处理；也可以用于工具钢，如 CrWMn
利用部分余热正火	锻件热锻成形后，空冷至 500℃左右，奥氏体已完全转变，接着加热至正火温度，保温后空冷	除节约部分能源外，其目的同正火	同正火
利用部	锻件热锻成形后，空冷至	除节约部分能源外，其目的	同淬火
利用部分余热等温退火	锻件热锻成形后，空冷至 500℃左右，奥氏体已完全转变，接着加热至等温退火温度，其后保温急冷、等温、冷却按等温退火工艺进行	除节约部分能源外，其目的同等温退火	同等温退火
回　火	将淬火或正火后的工件加热到 Ac_1 以下某一温度，保温一定时间，然后以适当的速度冷至室温的热处理	使淬火所得的不稳定的组织转变成较稳定的组织；适当降低硬度及强度，提高塑性和韧性，减小或消除残余应力	钢　件

（续表 3）

名 称	含 义	处理目的	主要用途
高温回火	将钢件加热到 Ac_1 以下某一温度（常在 500～700℃之间）保温后空冷	降低硬度，提高塑性，减小或消除内应力	有些合金钢正火后硬度过高，用高温回火降低硬度，中碳结构钢淬火后常高温回火
调 质	中碳结构钢正常淬火加高温回火的热处理工艺	获得良好的综合力学性能	中碳结构钢
固溶处理	将时效强化合金或不锈钢、耐热钢加热到一定高温（不锈钢、耐热钢为 1000～1150℃），使强化相全部或大部分溶入固溶体，并调整晶粒尺寸，然后以较快速度（水、空气等）冷却	改善锻态时的强化相不均匀分布，降低硬度、提高塑性、抗蚀性及导电性或为以后的时效处理进行准备	用于不锈钢、耐热钢和时效强化合金
时效处理	经固溶处理得到的过饱和固溶体，在室温停留或在某一较高温度加热一段时间，使其体时过饱和的溶入物均匀析出的处理	使组织趋于稳定，提高强度和硬度	用于时效强化合金及不锈钢、耐热钢固溶处理后的处理

注：Ac_1——是铁碳合金加热的下临界点（℃），即指钢在加热时，珠光体组织向奥氏体组织转变的开始温度。

Ac_3——亚共析钢加热的上临界点（℃）。即亚共析钢加热时，所有铁素体组织全部转变为奥氏体组织的终止温度。

Ac_{cm}——过共析钢加热的上临界点（℃）。即过共析钢加热时，二次渗碳体全部溶入奥氏体的终止温度。

Ar_1——铁碳合金冷却的下临界点（℃）。即冷却时，奥氏体向珠光体转变的终止温度。

第三章　掌钳和打锤方法

1. 手工锻造中的部分工具及使用方法手工锻造作为机器造的辅助操作，常用于锻件的局部修整、细小锻件的成形和安装、更换工具等。因此，它也是锻造工初学者必不可少的基本技能训练之一。

(1)钳子及其操作钳子主要用来夹持锻件，其类型同图 3－1 锤锻用操作钳子。

1)掌钳的姿势掌钳时，首先站正位置，左脚应离铁砧约半步，右脚在左脚后半步，上身稍向前倾，眼睛注视工作物的锻打点，如图 3－1a 所示。右手操锤子指挥大锤打击，左手握住钳杆中部，如图 3－1b、c 所示。

2)掌钳的方法锻打过程中，随时掌握好钳位的高度，使坯料始终平稳地放在砧面上，而且需不断地翻转或移动坯料，如图 3－1 所示。不同的翻动方向，有不同的握钳方法，图 3－2 所示为翻时的几种握钳方法。

(a)　　(b)　　(c)

图 3－1　掌钳的姿势

必须强调指出的是,锻打时掌钳者不得随意将坯料强行抬高或压低,否则轻则坯料被打弯,并振痛手掌,重则造成“跳钳"或“脱钳”的伤人事故。

(2)打锤使用的工具及打法

1)锤子(手锤)及打法锤子通常有圆头、直头和横头三种,如图3－3所示。其中圆头用得较多。锤子的质量一般为1～2kg。

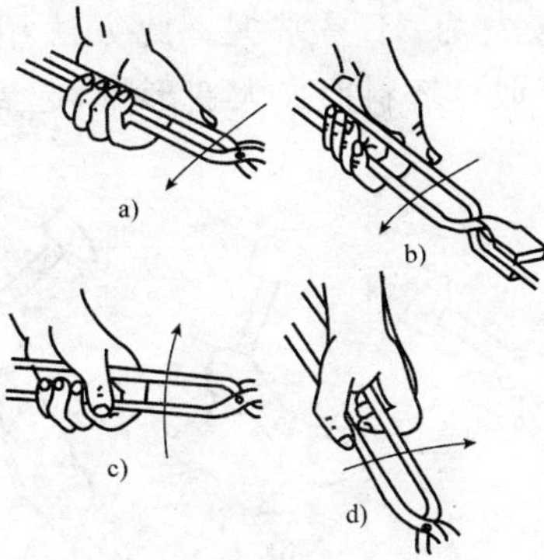

图3－2 翻料的几种握钳方法

a)向内侧转90°b)向内侧转180°

c)向外侧转90° d)向外侧转180°

锤子一般不作为变形工具使用,在配合锻打时,掌钳工主要用它来指示大锤的打击落点和轻重。当作为变形工具的横头和直头锤子分别用来加速拔长和增宽。

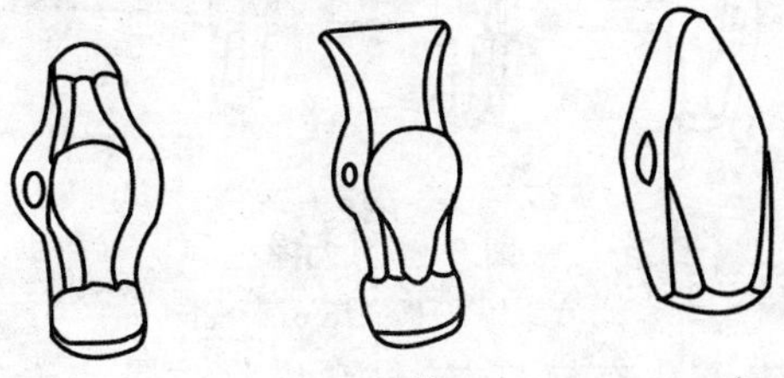

图3－3 锤子

a)圆头锤 b)直头锤 c)横头锤

锤子的打击方法有手挥、肘挥和臂挥三种，如图 3－4 所示。

①手挥法（如图 3－4a）所示，只靠手腕的运动，锤击力不大，用于指挥大锤的打击点和打击轻重。

②肘挥法（如图 3－4b）所示，手腕和肘部协同用力、同时作用，锤击力较大，这种方法运用较多。

③臂挥法（如图 3－4c）所不，手腕、肘部和臂部一起运动，这种方法锤击力大，但较费力，不易掌握。此方法用于掌钳者独立操作，或配合大锤快速锻打坯料而加大变形量，起到“趁热打铁”的辅助作用。

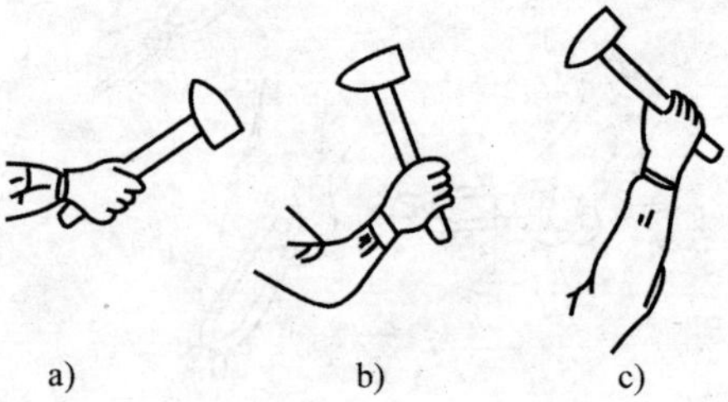

图 3－4　手锤

2）大锤及打法大锤一般可分为直头、横头和平头三种，如图 3－5 所示。它是一种直接使金属产生变形的基本工具。大锤的质量一般为 4～7kg。

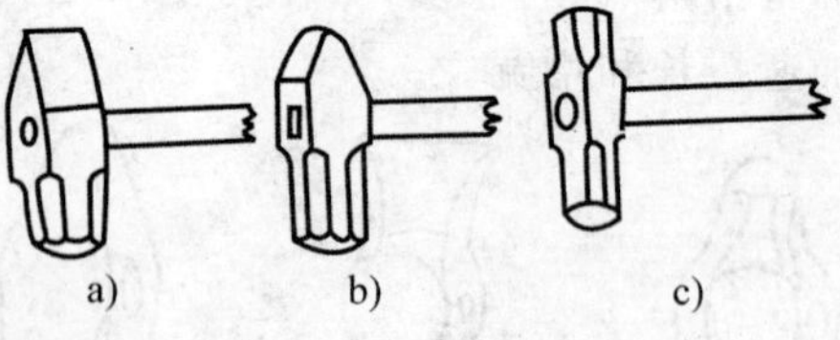

图 3－5　大锤

a）直头锤 b）横头锤 c）平头锤

大锤的打击方法有抱打、轮打和横打三种。大锤是手工锻造的主要工具，学会打大锤是锻造工的基本技能之一。打锤时，打击是否准确有力，这与打锤姿势和方法有直接关系。现将基本要点简述如下：

①抱打法是最普通的打击方法，打击过程的姿势如图 3－6 所示。

(a)　(b)　(c)

图 3－6　抱打姿势

抱打时人应平稳地站在铁砧的斜前方，使身体对着工作物，右脚向前迈出半步，并与左脚约成直角。右手向前伸，握在锤柄的中间处，左手紧紧握住柄端。图 3－6a 所示为刚要把大锤举上去时姿势，然后将锤举起至右后方，并使上身微向后弯。图 3－6b 所示为把大锤举到右肩上刚要打下去时的瞬间姿势，用左手控制锤头的打击位置，右手尽全力按锤，看准目标急速打下，使锤头准确地打击在坯料上，同时右手急向柄端抽回。图 3－6c 所示为锤头打在坯料上的瞬问，并撤回了腕力的姿势。此时，若利用锤头对坯料迅猛打击而产生的回弹力，则能轻易地举起大锤，继续进行抱打。

抱打要领：举锤时应使身体的重心移到左脚，能较容易地举起大锤。打击时，锤把举起的高度应适中，过高时，则两腕伸出过长，打下时右手难于用力，容易打不准；过低时，则打击无力，以致减小打击效果。在猛力打下时，把身体向前弯，用右脚支持身体质量，使身体和大锤成一体对着坯料锤击，打下速度要快，用力要猛，并利用锤头回转惯性力打在坯料上。

图 3—7　抡打

②抡打法的速度快、锤击力大，当需要猛烈打击时常采用此法。抡打时，左脚在前，脚尖对着工作物，右脚在后，并与左脚约成直角。左手紧握锤柄末端，右手握在左手前方约柄长 1/4 处。打击时，将锤头从前下方向身后抡起。当锤头从上落下时，右手猛力向下按锤柄，集中全力打击坯料。同时右手抽回滑到左手旁。在锤击坯料的瞬间，利用打击时的回弹力，右手又向前滑到锤柄的 1/4 处，再举起大锤，作连续打击，图 3—7 所示为抡打的姿势。

③横打法用于打击面处于垂直位置时打击方法。横打法可分为水平横打和过肩横打两种。

●当采用水平横打法时，锤头的运动路线为一水平圆弧形，如图 3—8 a 所示。此法容易打准目标。

●当采用过肩横打法时，锤头作空间曲线运动，如图 3—8b 所示。其锤击力大，不易掌握。

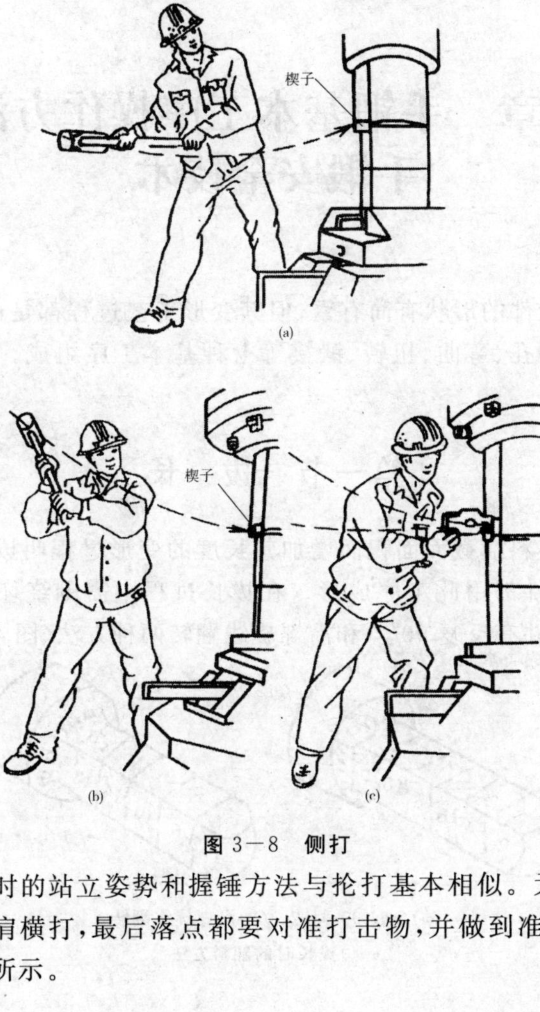

图 3－8　侧打

横打时的站立姿势和握锤方法与抡打基本相似。无论是水平横打或过肩横打，最后落点都要对准打击物，并做到准确有力，如图 3－8c 所示。

第四章　手锻基本工序操作方法和手锻安全技术

手锻锻件的形状有简有繁，但其变形工艺过程都是由拔长、切割、镦粗、冲孔、弯曲、扭转、锻接等七种基本工序组成。以下分别进行介绍。

第一节　拔　长

减小坯料横截面面积而增加其长度的变形过程叫拔长。像轴类、杆类锻件都用此工序成形。在拔长过程中需围绕坯料轴心线不断翻转，并有反复 90°。和沿螺旋线翻转两种方法(图 4－1)。

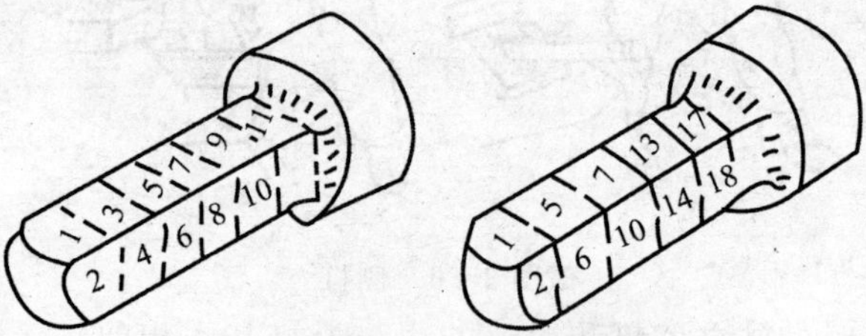

(a)反复 90°翻转　(b)沿螺旋线翻转

(上)拔长时的翻料方法

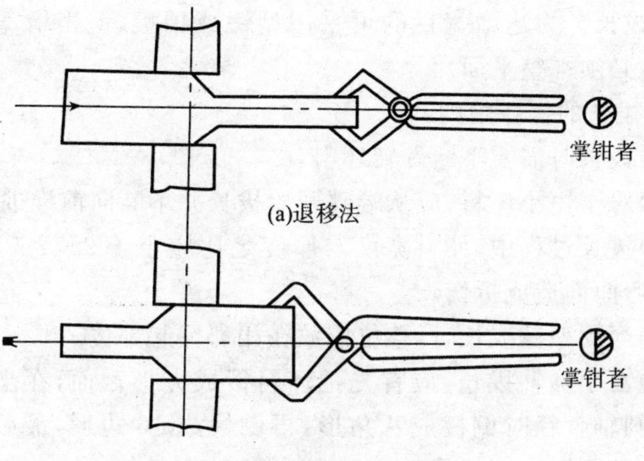

(b)推进法

(中)拔长时送进的方法

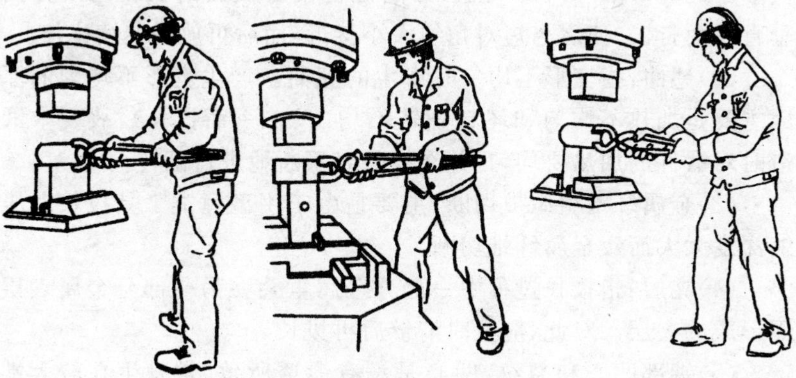

(a)拔长起始动作 (b)拔长操作 (c)不正确的操作姿势

(下)自由锻锤拔长操作姿势

图 4—1　拔长操作

生产中用型锤拔长可加快拔长速度，但必须注意型锤压下深度和表面光滑，防止切断纤维组织及发生严重的不均匀变形现象。

减小坯料厚度增加其宽度的操作称为展宽或增宽，但实质上仍属于拔长。为达增宽目的可采用型锤或拍板,但当增宽至所需尺寸后,必须平整平面。

1. 拔长的操作规则

(1)拔长时需要不断翻转坯料。

(2)对于短小坯料,应从端部开始拔长并不断向前推进。

(3)拔长过程中,坯料宽度与厚度之比应小于 2～2.5,以免发生横向弯曲而造成折伤。

(4)当用型锤拔长时,移位应放在相邻突起部位。

(5)对小圆轴拔长,应首先把坯料锻成方形截面,在当方形边长接近圆轴直径时倒棱成八角形,再倒棱成 16 边形,最后用摔子摔圆。

2. 拔长时产生的缺陷主要有以下 6 种

(1)歪斜:指拔长时翻料不垂直或大锤打击不平使坯料截面呈棱形。此种缺陷应及时纠正,方法是将棱形截面的长对角线方向垂直砧面打击,使之与短对角线大小接近,而后再放平继续拔长。

(2)翘曲:指变形不均匀时产生的翘曲。产生变形不均匀的原因主要是加热不均匀和坯料翻转不均(只在一面拔长),故要求锻造时对锻件的加热要均匀,并在拔长时不断地进行翻转。

(3)金属纤维组织被切断:主要是由于用型锤类工具拔长时压缩深度太大而致金属纤维切断。

(4)夹层:指拔长过程中一部分金属重叠在另一部分金属表层而形成的夹层。对此,应及时清铲后再拔长。

(5)端部凹心和裂纹:凹心是没有锻透所致,常发生在较大端面的端部;当变形发生在表层金属,而中心金属却未变形或很少变形时,就形成凹心。

(6)冷作硬化:当在终锻温度以下锻造时,会产生冷作硬化,它使坯料表面的硬度增大,如再继续锻造,便会引起裂纹甚至使锻件报废。

预防冷作硬化的方法有:①趁热打铁,不间断地翻转和猛烈地打击。②忌打冷铁，严格控制终锻温度；当坯料温度降至终锻温度时，应立即停锻，待重新加热好后再进行锻造。

第二节　切　割

手锻常用的切割方法有切开和剁料两种。

1. 切开：指在坯料上切割缺口的方法，常用于锻制带台阶的锻件。

2. 剁料（即切断）：分冷剁、热剁两种，操作方法是在坯料上剁一定深度，然后将剁子对齐砧子边沿剁开。

第三节　镦　粗

降低坯料高度而增大其横截面面积的工序叫镦粗。下面介绍镦粗的具体内容。

1. 镦粗的类型和方法：镦粗分局部镦粗和完全镦粗两种。

(1)局部镦粗：为使坯料的一部分横截面面积增大，采用对坯料局部加热并进行镦粗的方法。根据镦粗的部位不同，局部镦粗又分端部镦粗和中部镦粗两种。

(2)完全镦粗：是将坯料全部加热后，垂直立在砧子上，再用大锤打击至要求高度，然后拔长至要求的形状与尺寸。

注意：镦粗过程需要大力打击，一般采用抡打法。

2. 镦粗时产生的缺陷主要有以下两种：

(1)弯曲和歪料。

(2)表面裂纹和折叠。

3. 镦粗的操作规则有以下 6 点：

(1)坯料镦粗部分的长度与直径之比应小于 2.5～3。

(2)坯料端面应平整并垂直坯料轴线。

(3)坯料镦粗前应均匀加热至允许的最高温度。

(4)坯料表面要光滑,不允许有明显的锤印。

(5)方坯应倒棱成圆坯后再镦粗。

(6)镦粗过程中应及时校直产生弯曲的坯料,同时注意均匀不停地转动坯料。

第四节　冲　孔

1. 冲孔的种类和方法:冲孔一般分单面冲孔(漏孔)、双丽冲孔和冲不透孔(又称盲孔或半孔)三种方法。

(1)单面冲孔:又称漏孔,适用于较薄的坯料,是在一个孔径稍大于冲子的漏盘上进行,也可在花砧上进行。操作时,先将加热好的坯料放在漏盘上,再把冲子对正孔的中心,然后锤击冲子直到冲穿。单面冲孔时锻件一般无大的变形(图 4—2)。

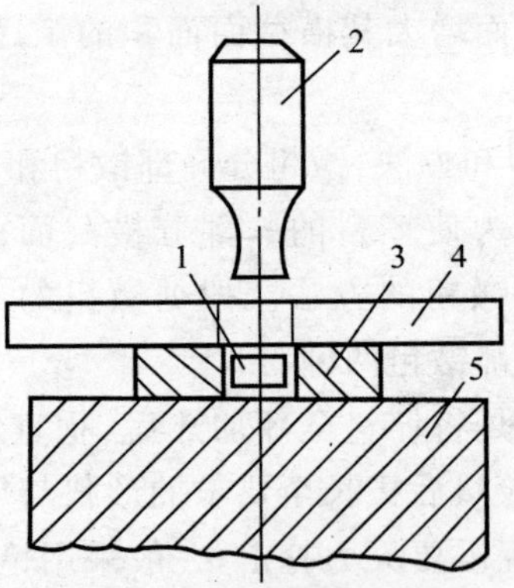

图 4—2　单面冲孔

(2)双面冲孔:对较厚的坯料采用双面冲孔法。操作时,将坯料加热至 1 000℃左右。放在铁砧上,先用冲子在正面冲人坯料孔高度的 2/3,然后翻转坯料,在反面将冲子对正后冲穿(图 4—3)。

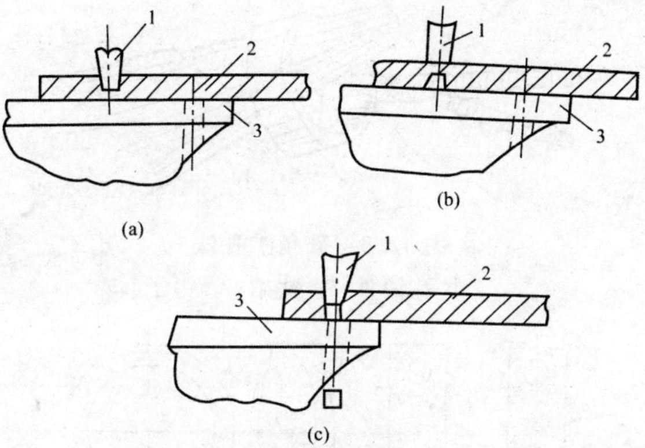

图 4—3　双面冲孔

(3)冲不透孔(即盲孔):操作时将冲子放在坯料要冲的位置上,先锤击到要求的深度,再取出冲子进行平整(图 4—4)。

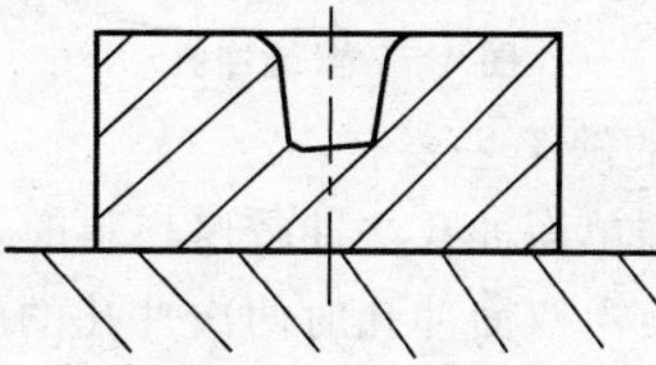

图 4—4　冲不透孔

此外,还有修平孔壁(图 4—5)、在砧角上扩孔(图 4—6)和劈缝冲孔(图 4—7)等方法。

图 4—5　修平孔劈

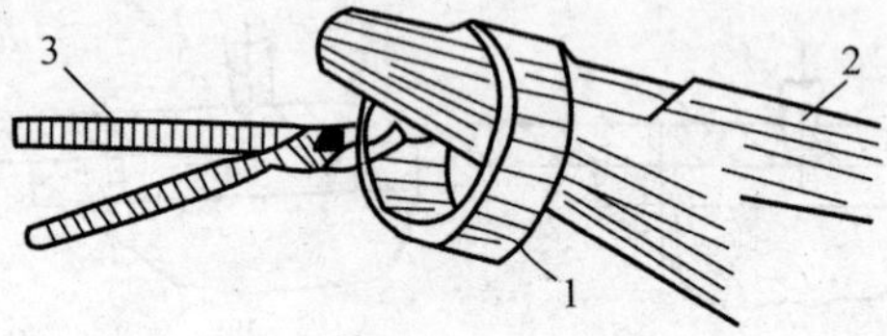

图 4－6　砧角扩孔法

1. 扩孔锻件；2. 铁砧；3. 钳子

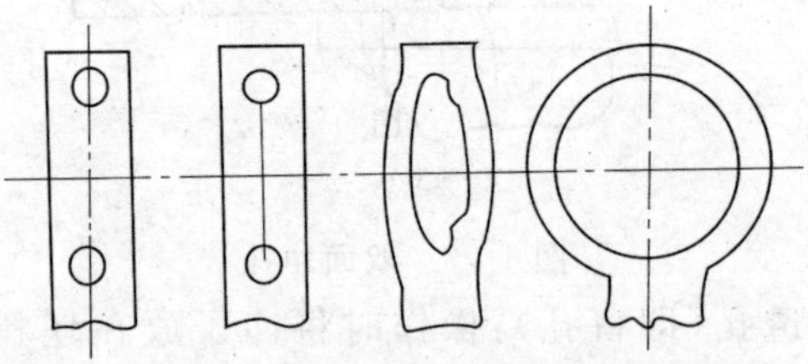

(a)冲孔(b)剁开(c)用冲子胀开(d)用冲子胀开

图 4－7 劈缝冲孔

2. 冲孔时产生的缺陷主要有：

(1)孔口卷边：用单面冲孔法冲较厚坯料时，易产生孔口卷边。

(2)阶梯形孔壁：由双面冲孔时两次冲孔的中心不重合引起。

(3)偏心：是由冲子未放置在坯料中心或锤击时坯料未转动而使冲子歪斜所致。

(4)孔形歪斜：冲子未垂直放置在坯料上或锤击时打歪，致使冲出的孔形歪斜。

(5)孔壁裂纹：坯料未加热到要求温度或温度已降低时，仍强行冲孔，致使孔壁产生裂纹甚至断裂。

3. 冲孔操作规则有以下 5 点：

(1)冲子必须放置在垂直于坯料端面并对正坯料的中心。

(2)单面冲孔选择的漏盘或花砧上的孔径要合适，不能太大，以免造成卷边或走样。

(3)冲孔过程中要不断地转动坯料，以防孔心位置偏斜。

(4)双面冲孔时，当翻转坯料后，冲子必须对正孔的中心，以防产生阶梯孔壁。

(5)冲孔时，冲子不能受热过度，注意及时抽出入水冷却；为抽出冲子方便，应在预冲的凹坑内放适量木屑或焦碳粉，尤其冲盲孔时更应如此。

第五节　弯　曲

采用弯曲工序可获得形状弯曲的锻件，如环形锻件、吊钩、钳子、卡钳等。基本内容如下：

1. 弯曲时的变形：锻件弯曲变形时，须对弯曲部分预先积聚金属增大其截面，或者考虑内外层金属不同的变形情况，适当增大弯曲处的外层尺寸并缩小内层尺寸；也可选用较大坯料，即增大10%～15%的截面积，当弯曲成形之后，再修整到要求的尺寸为止。

对于弯曲成圆弧形状的锻件，其展开长度可按其中心线长度计算。即先分段算出各段长度，然后相加得到弯曲件的展开总长度。几种典型弯曲件的展开长度 L 的计算公式如图 4－8。

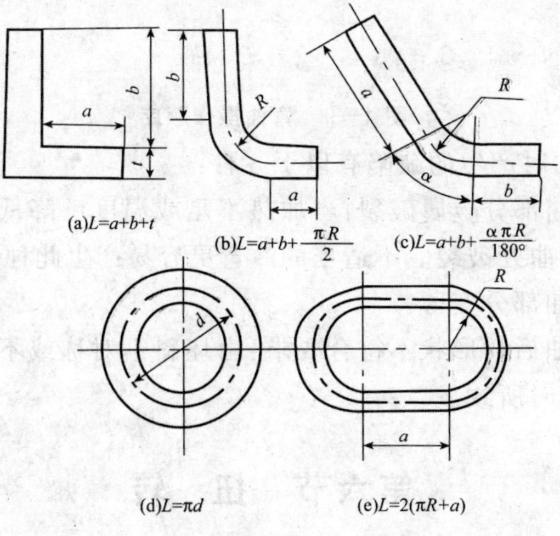

(a) $L=a+b+t$　(b) $L=a+b+\frac{\pi R}{2}$　(c) $L=a+b+\frac{\alpha\pi R}{180°}$

(d) $L=\pi d$　(e) $L=2(\pi R+a)$

图 4－8　几种典型弯曲件 L 的计算公式

2. 弯曲的方法及注意事项：弯曲时可根据锻件形状的不同而采用不同的方法。对于坯料尺寸较大且形状不复杂的锻件，多在砧角上用大锤弯曲；对于坯料尺寸较小且形状复杂的锻件可采用拨叉套筒弯曲，当然也可在花砧上采用辅助工具进行弯曲。

弯曲时，先要注意弯曲顺序。一般是先弯端部，再弯直线与曲线连接部、最后弯其余圆弧部分（图 4—9）。另外，加热时直注意加热部位，最好局限在弯曲部分。

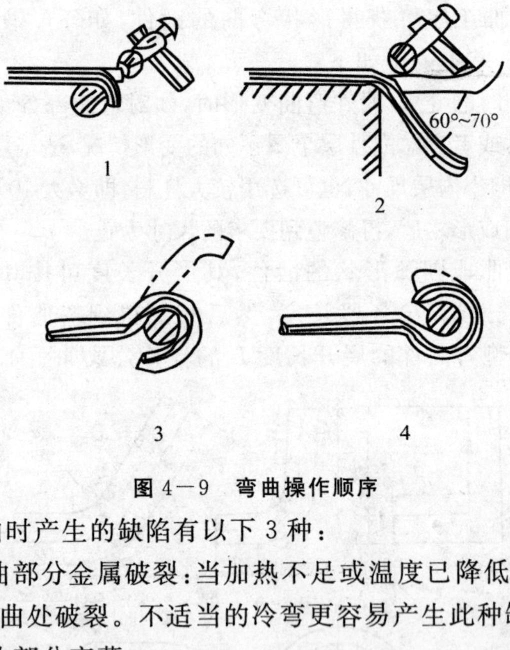

图 4—9　弯曲操作顺序

3. 弯曲时产生的缺陷有以下 3 种：

(1)弯曲部分金属破裂：当加热不足或温度已降低时强行弯曲就会造成弯曲处破裂。不适当的冷弯更容易产生此种缺陷。

(2)弯曲部分变薄。

(3)弯曲后的形状不符合要求：由坯料不对称或不垂直地放在工具上弯曲时所致。

第六节　扭　转

扭转是使一部分坯料相对于另一部分坯料绕其共同轴线旋转

一定角度的操作，通常在台钳上进行（图 4－10）。

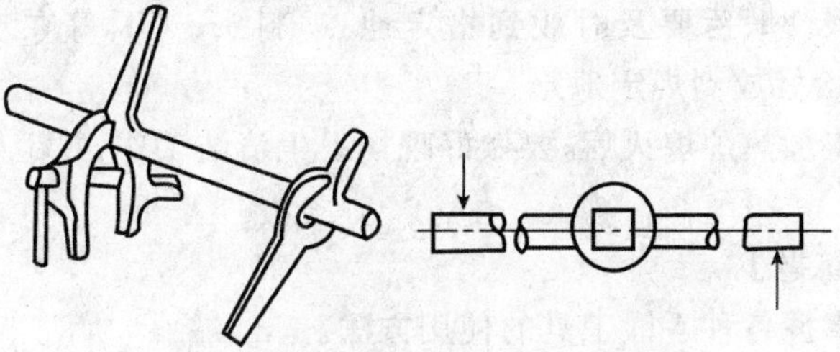

(a)在台钳上扭转　(b)用双柄扳手扭转

图 4－10　扭转坯料

第七节　锻　接

又叫锻焊，它是将两段或几段金属坯料锻焊连接在一起的工序。现在，实际生产中基本不用这种操作，故不作详细说明。

手锻安全技术

需强调指出的是，手锻安全技术是保证生产有序正常进行的重要环节。具体内容如下：

1. 掌钳工是手锻的指挥者、操作者，作为掌钳工，应熟悉和掌握各种工序的操作方法，并做好现场安全指导工作。

2. 工作前穿戴好规定的劳动防护用品，并检查所用钳子是否与所夹坯料的形状及尺寸相符，有无裂纹等隐患，检查手锤把柄是否紧固，检查摔子、冲子等有无裂纹，把柄是否牢靠。

3. 生产现场的工具摆放要便于生产，用后应归位，不允许乱放。

4. 锻造时按规则进行操作，钳子要端平，锻件应套紧钳箍。掌钳工的手指不允许插入钳杆之间，以免被钳杆夹伤。

5. 坯料出炉后应送到铁砧上，不允许随意抛掷。

6. 大锤的锤把安装要牢固，挥打前应先湿水，并检查前后左右是否有人或其他障碍物，站立的位置和姿势都应符合要求。

7. 抡大锤者要按掌钳工的要求打击，打稳打准，该重则重，该轻则轻。

8. 锻件锻后要及时放到指定地点，料头、工具等在工作完毕后，应收拾好放到规定地点。

9. 将加热炉熄灭后，要做好现场卫生清洁工作，并做好交接班记录。

【训练题】

1. 掌握各种手锻工具的使用方法。

2. 自己动手进行各种手锻基本工序的操作练习。

3. 去附近工厂了解学习手锻安全技术的各项要求。

第五章　自由锻造与模型锻造

第一节　自由锻造基本工序

采用通用工具或直接在锻造设备的上、下砧之间进行的锻造叫做自由锻造(简称自由锻)。

自由锻造基本工序包括镦粗、拔长、冲孔、扩孔、切割、弯曲、扭转、错移等。

一、镦粗

1. 镦粗的基本方法:分完全镦粗和局部镦粗两种,而局部镦粗又按其镦粗位置不同分端部镦粗和中间镦粗。

(1)完全镦粗:完全镦粗是将坯料竖立在砧子上或回转台上进行锻压,且使其沿整个高度压缩的方法(图 5－1)。

(2)端部镦粗:是利用漏盘和胎模控制坯料的变形,并使变形集中于坯料的端部(图 5－2)。

(3)中间镦粗:在锻造中间大、两端小的锻件时,应先将坯料两头拔细到所要求的尺寸竖在漏盘中,上边再放一个漏盘进行锻压,使得中间的坯料镦粗,如图 5－3 所示。在水压机上镦粗时,为防止下道工序出现凹陷缺陷,常采用球面镦粗板,如图 5－4 所示。

2. 镦粗的操作规则:

(1)镦粗的始锻温度要采用材料允许的最高始锻温度,并应烧透。

(2)为防止镦粗时产生弯曲,镦粗坯料的长径比应控制在 2.0～2.5间,最大不超过 2.5～3,同时端面应平整并垂直坯料的轴线。

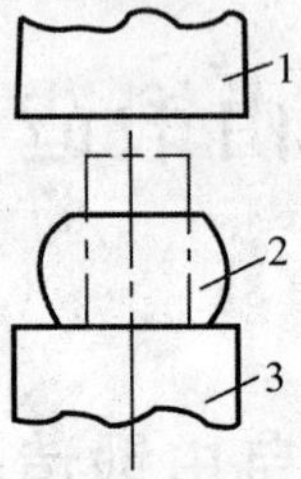

图 5－1　完全镦粗

1. 上砧；2. 坯料；3. 下砧（或回转台）

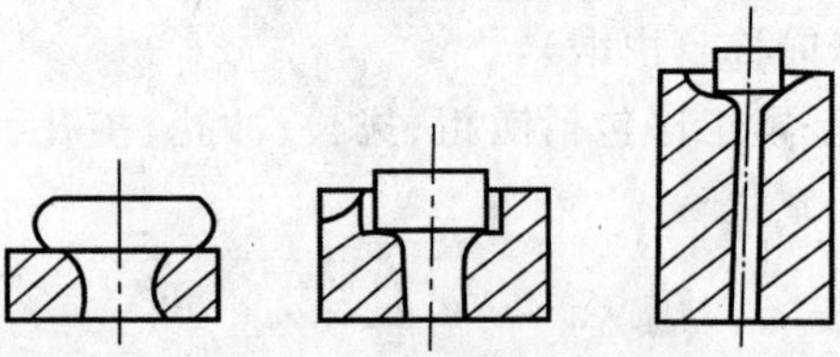

(a)漏盘上镦粗(b)胎膜内镦粗
(c)胎模内镦粗

图 5－2　端部镦粗

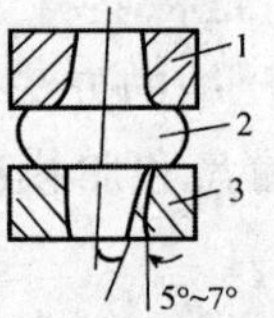

图 5－3　中间镦粗

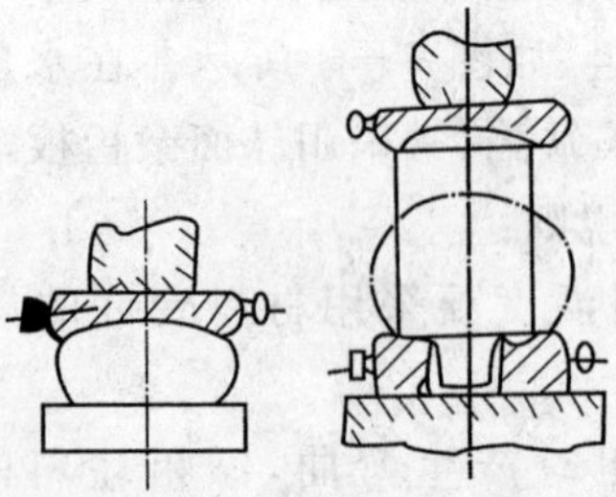

图 5－4　球面镦粗

(3)坯料表面应光滑,不允许有凹陷、裂纹等缺陷。

(4)钢锭镦粗前必须倒棱。

(5)镦粗过程中,必须不断转动坯料以免镦歪。

3. 镦粗缺陷的矫正:镦粗过程中常常会产生弯曲镦歪,必须立即进行矫正。

(1)弯曲的矫正:矫正方法如图 5—5。

(2)镦歪的矫正:对于镦歪的短粗坯料,在自由锻锤上采用图 5—6 的矫正方法,即在砧子边缘将坯料的长角局部镦矮,然后翻转 180°再镦另一端长角,最后矫正镦粗成形。

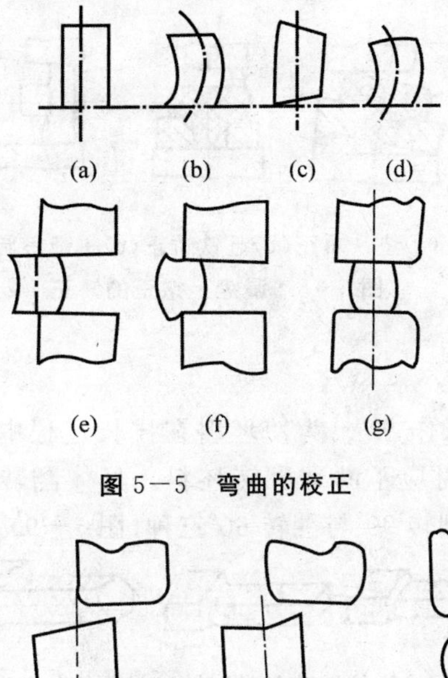

图 5—5　弯曲的校正

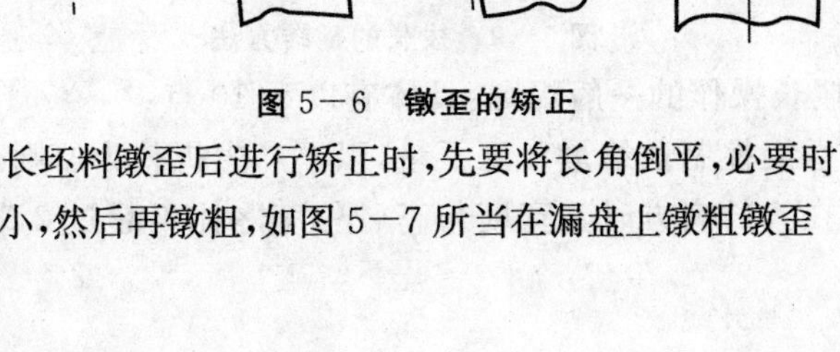

图 5—6　镦歪的矫正

当细长坯料镦歪后进行矫正时,先要将长角倒平,必要时可将短角也适当倒小,然后再镦粗,如图 5—7 所当在漏盘上镦粗镦歪

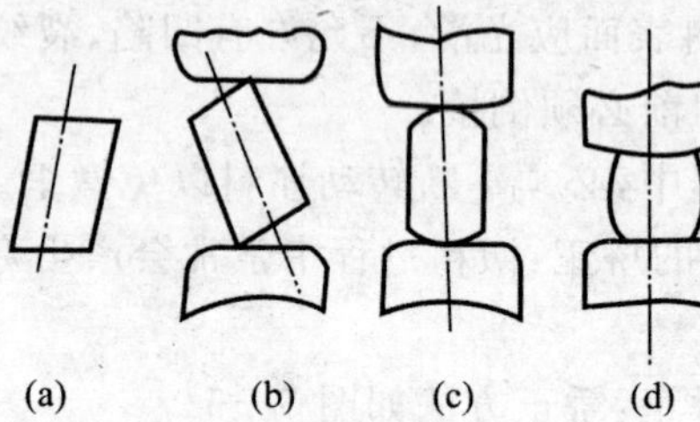

图 5—7　细长坯料镦歪后的矫正

时，可以采用漏盘下加热和用赶铁（俗称拍板）两种方法，并结合局部冷却、滚圆后重新镦粗（图 5—8）。

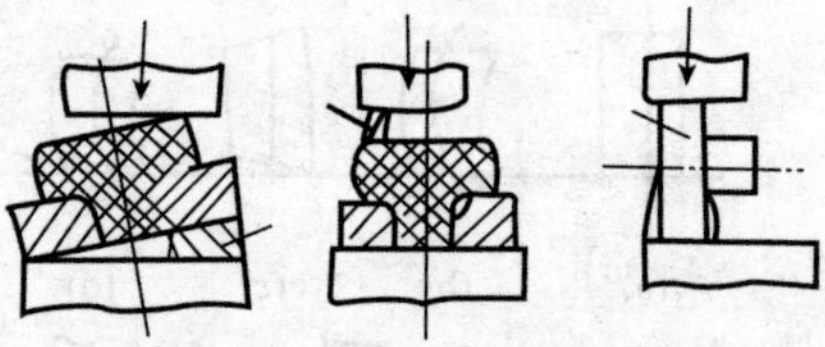

(a)垫铁矫正(b)赶铁矫正(c)重新滚圆

图 5—8　漏盘上镦歪的矫正

二、拔长

1. 拔长的操作方法：为使坯料在拔长过程中各部分的温度和变形均匀，拔长时应不断地翻转坯料。具体翻转方法有反复翻转 90°和沿螺旋线翻转 90°与翻转 60°三种（图 5—9）。

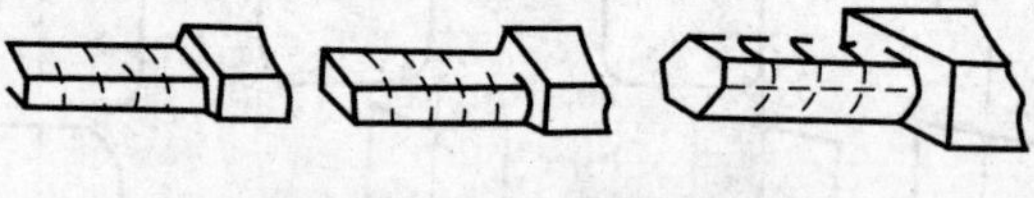

(a)反复翻转 90°翻转(b)沿螺旋线 90°翻转(c)沿螺旋线 60°翻转

图 5—9　拔长的翻转方法

2. 援长操作的一般规则：具体有以下 10 点：

(1)适当控制送给量和压下量，以不产生折叠为原则。

(2)在拔长扁方时其宽度与高（厚）度之比不超过 2 5～3，以免翻转操作时产生弯曲。

(3)当坯料由大直径拔成小直径时,应先拔成正方或六方截面后倒棱,正力截面的边长应等于95%的直径(这样的尺寸倒棱后正好);六方截面的相对两个面之间的尺寸应等于圆锻什的直径。表5—1为方变圆和圆变方的经验数据,可供参考。

表5—1 为方变圆和圆变方的经验数据

1. 圆变方所需坯料最小截面尺寸/mm	
圆坯直径尺寸	40 65 60 100 155 160 200 260 300 370 460 550 620
可锻出最大方坯边长	30 50 70 80 100 120 150 180 200 250 310 380 430
2. 方变圆所需坯料最小截面尺寸/mm	
方坯边长	50 75 95 115 150 190 240 290 335 385 435 480 550
可锻出最大圆坯直径	55 80 100 120 160 200 250 300 350 400 450 500 580

(4)拔长过程中若产生翘曲,应及时翻转180轻打一趟来校平。

(5)在锤上锻造叫,当台阶高度 H<20mm 时,只采用压痕;

(6)在端部拔长时、其切肩长度尺寸的规定,如图5—10。

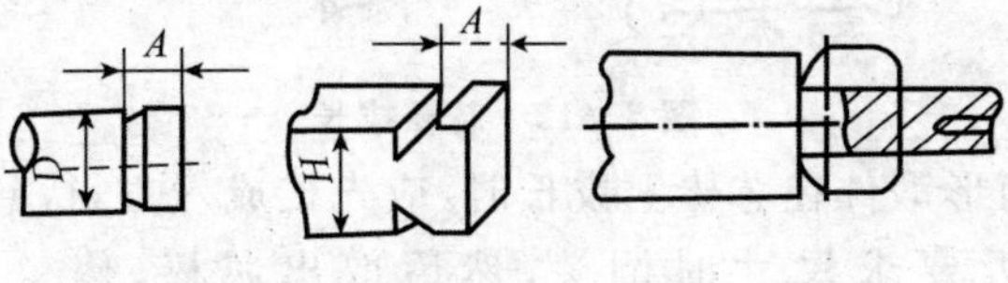

图5—10

图中尺寸的确定如下:

圆形截面端部拔长时,$A>\frac{D}{3}$;

矩形截面端部拔长时,$A>0.4h$

若切肩下料长度不够拔长时,端部中间会凹进去,形成如图4—10(c)所示的缺陷,致使锻件报废。为避免发生这种缺陷,除上述规定外,在锻造的坯料较短、又无多余的料做切头时,可将坯料切肩的一端镦成鼓形再进行切肩,然后再拔长、切头(图 5—11)。

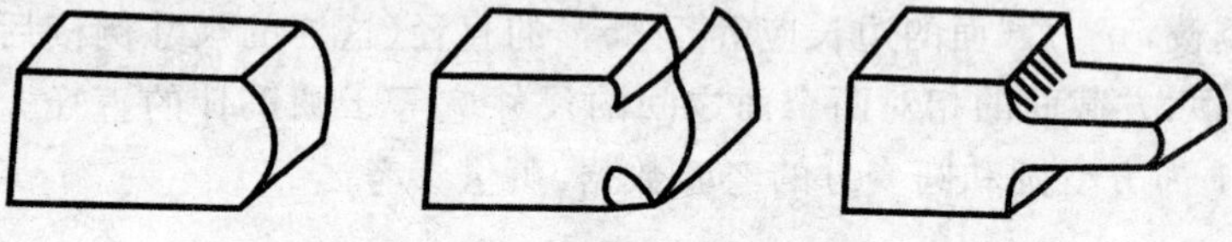

图 5—11 预防缺铁产生的方法

(7)钢锭拔长前应先压钳把，以供操纵机或套筒使用，钳把中心线应与钢锭中心线一致，钳把尺寸应符合工艺要求的规定。

(8)钢锭拔长前需先倒棱,倒棱时的压下量为 30～50mm,目的是消除钢锭锥形,锻合皮下气泡。

(9)拔长坯料应从中间向两端拔,以使坯料保持平衡。

(10)长筒形锻件在过水芯棒拔长时,应按图 5—12 所示的顺序进行操作,这样有利于锻件脱出。

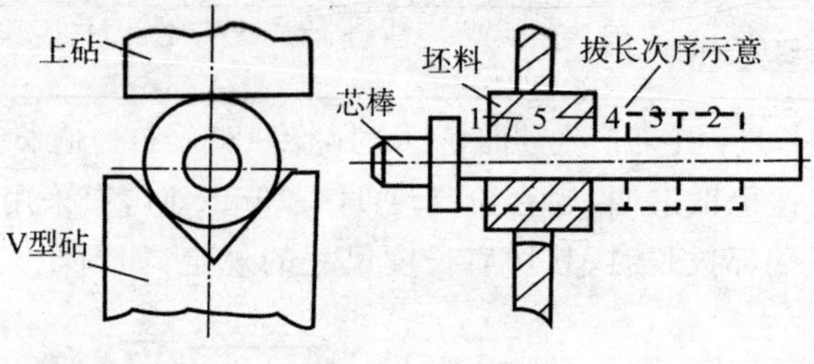

图 5—12 芯棒拔长

当小筒形锻件在芯棒上拔长时,应先拔成六方,待到长度和截面尺寸接近要求尺寸时倒棱,然后取出芯棒,修整锻件两端面(图 5—13)。

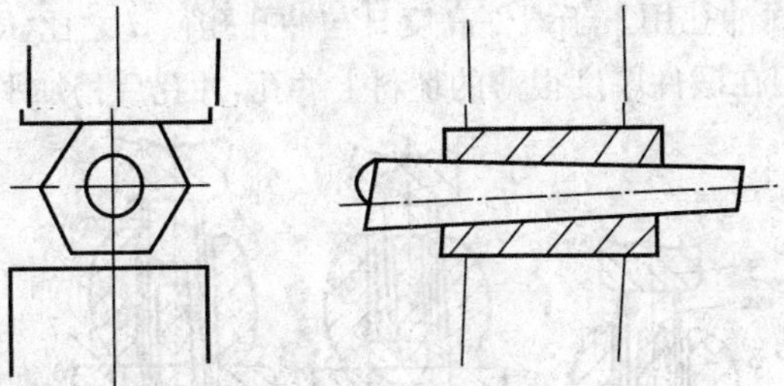

图 5—13　小筒形锻件的

三、冲孔和扩孔

1. 冲孔的方法：按冲孔时所用冲子形状的不同，分实心冲子冲孔和空心冲子冲孔两种。实心冲子冲孔又分为单面冲孔和双面冲孔，如图 5—14、图 5—15、图 5—16、图 5—17；空心冲子冲孔均为单面冲孔。具体应用如下：

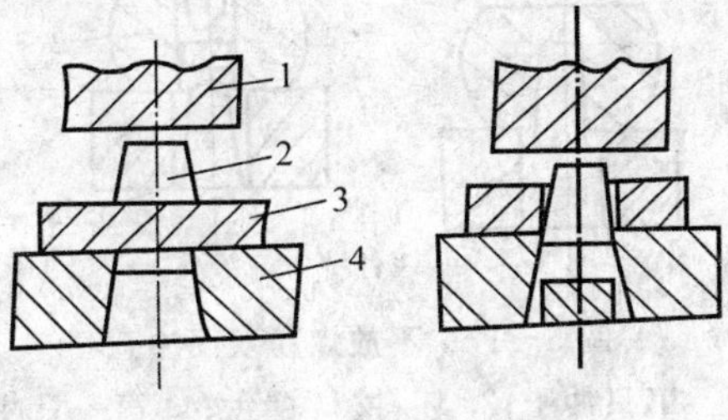

图 5—14　单面冲孔

1. 上砧；2. 冲子；3. 坯料；4. 漏盘

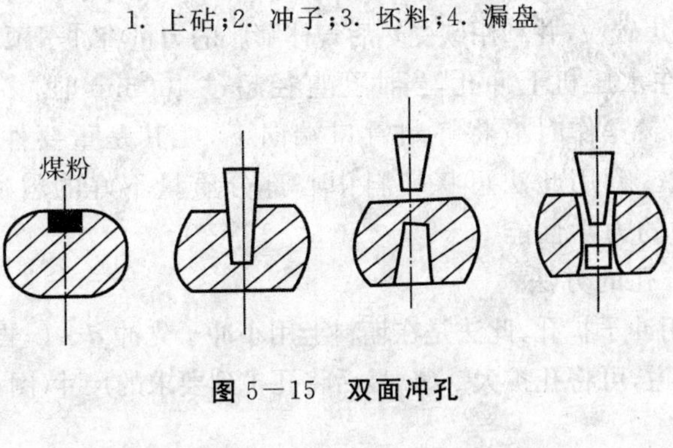

图 5—15　双面冲孔

(1)单面冲孔用。于锻件高度日与冲孔孔径 d 之比(即弓)<0.125 时,也就是用在锻件厚度很薄的坯料上冲孔,冲孔后稍加平整即可。

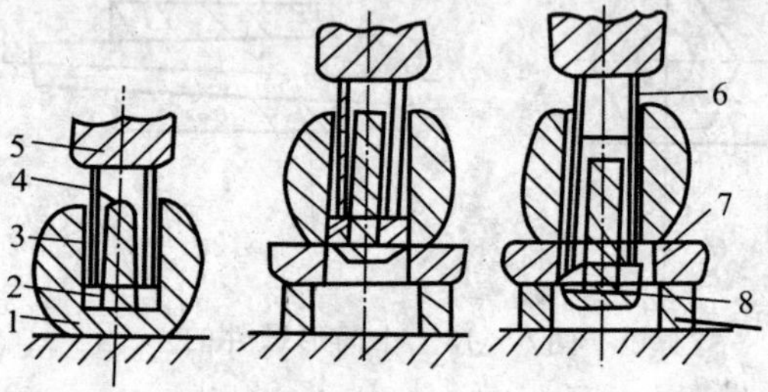

图 5—16　空心冲子冲孔

1. 锭料;2. 空心冲子;3. 第一个上垫;4. 第二个上垫;
5. 上砧;6. 第三个上垫;7. 漏盘;8. 芯料;9. 漏盘

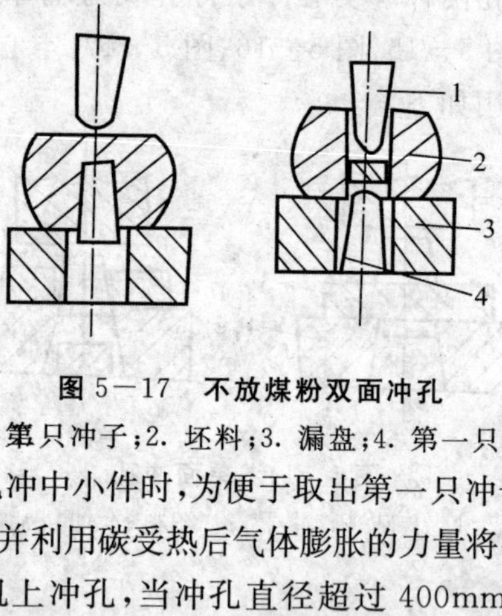

图 5—17　不放煤粉双面冲孔

第只冲子;2. 坯料;3. 漏盘;4. 第一只冲子

(2)双面冲孔冲中小件时,为便于取出第一只冲子,冲孔时要放适量煤粉或焦碳粒,并利用碳受热后气体膨胀的力量将冲子顶出。

(3)在水压机上冲孔,当冲孔直径超过 400mm 时,多采用空心冲子冲孔。操作时应将坯料冒口端向下,尤其是重要件的冲孔必须这样做。利用此法可将坯料中心部分质量不好的料冲掉,从而改善锻件的力学性能。

2. 扩孔的方法:

(1)用冲子扩孔:此法是在坯料上用小冲子先冲 $d \sim L$,再用较大的冲子过一道,可将孔扩大一些,最后将孔扩到要求的尺寸(图 5—18)。

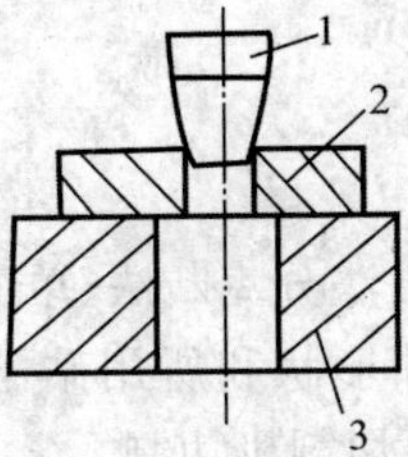

图5－18　冲子扩孔

(2)芯棒(马杠)扩孔:此法主要用于环形件锻造,其方法如图 5－19。

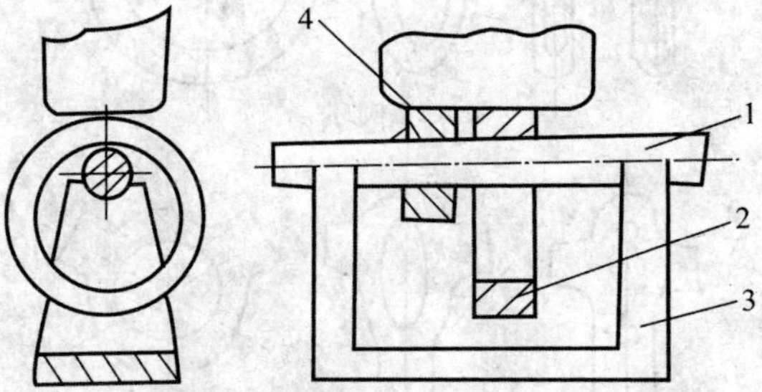

图 5－19　芯棒(马杠)扩孔

1. 芯棒(马杠);2. 坯料;3. 马架;4. 挡铁

操作时将芯棒穿人已冲孔的坯料,并支持在马架上,在锻造中边锤击边转动边送进坯料,使坯料沿圆周在芯棒和上砧间反复受到锻打而被拔长,直到达到要求的尺寸为止。

(3)劈缝扩孔法:是指在坯料上预先冲出两个小孔,再把两孔的连线劈开,最后用冲子将劈缝胀开成圆形,这种方法用于锻造大孔径薄壁锻件或锻造外形不规则的带孔薄壁锻件。

3. 冲孔及扩孔缺陷的矫正:对于冲偏的坯料可以采用浸水法使壁薄处不变形和少变形,同时使厚壁处多变形,从而使整个锻件壁厚均匀;矫正后若发现内外径比要求的尺寸大时,可用滚圆方法使其收缩到要求的尺寸,而对于上下冲子未对正所造成缺陷的矫正是很困难的,最好的办法是采用气割方法将凸台割掉,否则将影响锻件的质量(图 5－20)。

四、切割

1. 切割方法：切割方法分克断法、单面切割、反面切割、三刀切割及四刀切割等，因锻件形状和所用砧子不同而异。切割锻件可用剁刀剁，也可用大截面切割机切割。

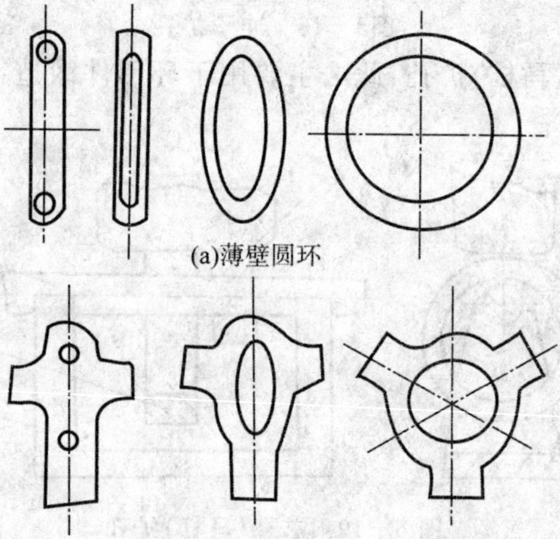

图 5－20　缺陷校正

(1)剁刀剁料的拉缩保险量：剁料的拉缩保险量要留得比切肩的拉缩保险量大 10%～15%。

(2)大截面切割的切口留量：大截面切割的切口宽度一般为 25～35mm。当利用大截面切割机切割锻件时，必须考虑切口的尺寸。

2. 切割注意事项：切割时须注意锻件质量和保证安全。在质量方面主要是防止剁料后造成加工余量不够，或造成端部不整齐带毛刺，给机械切削加工造成困难。在安全方面应防止剁刀或坯料飞出伤人并造成安全事故。因此，不准在剁刀和坯料的飞出方向站人。另外，打击力量的大小要恰当，最后一锤要求在切断坯料的同时，还要压紧已被剁开的坯料。

五、弯曲

弯曲的方法有：采用上下砧子压紧坯料后以大锤打弯或用行车吊弯；在平台上固定芯轴和挡块、利用天车吊弯；用胎模弯曲；在支架上弯曲几何形状复杂的吊钩锻件。

六、扭转

1. 扭转的方法：按锻件大小分小锻件扭转和大锻件扭转两种。其中小锻件扭转如图 5—21(a)，大锻件扭转如图 5—21(b)。

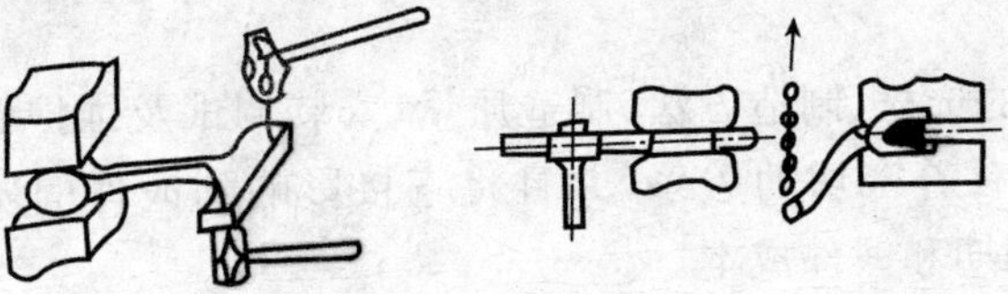

(a)用大锤打击扭转 (b)扭转曲轴

图 5—21 扭转的方法

2. 扭转的注意事项：

(1)受扭转部分的表面必须光滑，对粗短的轴颈最好经粗车加工后再进行扭转。

(2)受扭转部分必须加热到塑性最佳的温度范围并均热后方能进行扭转。

(3)锻件扭转后必须缓慢冷却或进行退火处理。

七、错移

错移常用来锻造曲轴，其步骤是，先将坯料拔长至要求的截面尺寸，再在需错移的位置用三角切肩，对于大型锻件是通过水压机上下砧子错开一定位置加压实现的，对于小型锻件是用加垫实现错移的，如图 5—22。

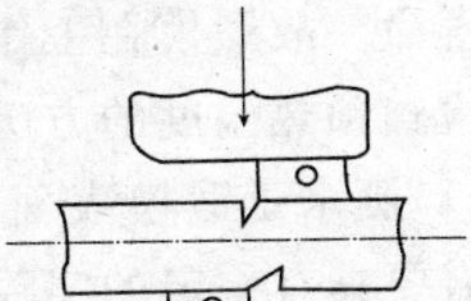

图 5—22 小型锻件的错移

第六章　模具及锻件

第一节　模具的使用与维护保养

模具的选材、制造方法、制造质量、安装调试及维护保养，都与锻造生产有着密切的关系，并且将直接影响到锻件的质量、生产率、生产周期和锻件成本。

一、锻模的使用与维护

生产中为提高锻模寿命，平时就要正确使用和维护锻模，具体包括：锻模预热、模锻过程中控制终锻温度、及时润滑冷却、清除坯料上的氧化皮、随时修磨模膛里出现的缺陷等。

1. 锻模的预热：当预热温度达 250°时，其冲击韧性将明显提高，如图 6－1。锻模预热之后，有利于坯料保温和促进金属的流动性，并可减少锤击次数，缩短高温坯料跟锻模接触的时间，能提高锻模寿命。故锻模在工作前必须重新预热到要求的温度。

检查预热温度的方法有：

(1)洒水于锻模表面，视水蒸气情况来判断锻模的预热温度。此法需要具有一定的实践经验。

(2)用测温笔检验，当所画的颜色在规定时间内变成了规定的颜色，则表明预热温度达到要求。

(3)用表面温度计测温。

(4)用手指插人锻模起重孔内，感觉到烫手即可。

2. 锻模的冷却与润滑：提高锻模寿命的主要措施之一就是要加强对锻模的润滑。

所用润滑剂应具有下列性能：

(1)良好的黏附力：能黏附于锻模上，在高温下不被挤出面失效。

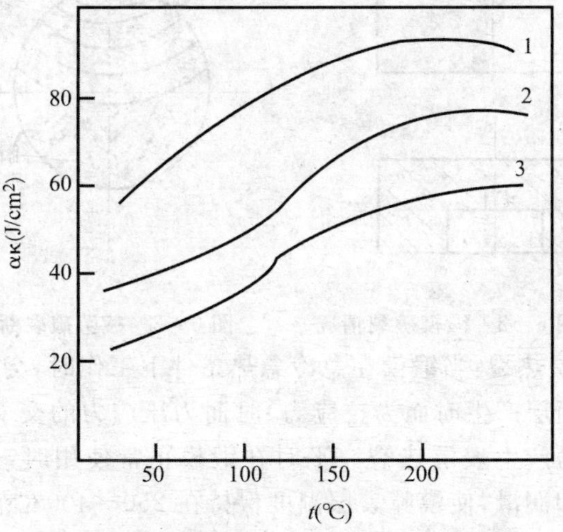

图 6—1 预热

(2)良好的润滑性能：要求燃点高、无烟、高温下仍保持良好的润滑性能。

(3)无毒、无害、安全性能好，不污染环境。

(4)便于喷涂及清除。

(5)价廉并兼有冷却剂功效。

二、锻模损坏的形式和原因

1．锻模破裂：锤击锻件时，锻模受瞬时冲击载荷，当内应力超过材料的强度极限时，将首先从应力集中的转角处产生裂纹，如图6—2。

锻模裂纹主要是疲劳破坏所致，也可能是受力过载。从断口特征可以进行区分。疲劳断裂一般分为两部分：一部分是疲劳断裂形成的贝壳状断面，疲劳源位于贝壳顶点，如图 6—3 中的 A 点；

另一部分为突然断裂，呈现不平整的粗糙断面。

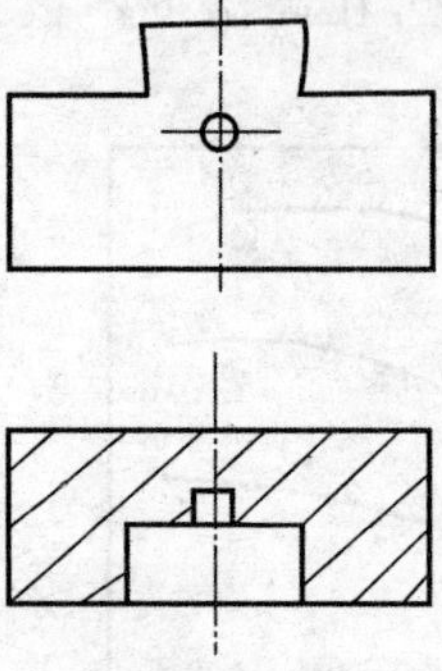

图 6－2　锻模破裂情况

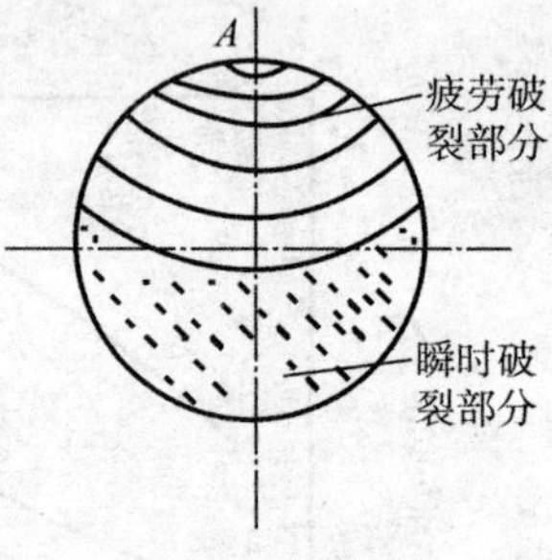

图 6－3　疲劳破裂断口

2. 表层热裂：当锻模在急冷急热条件下工作时，会使模膛里层金属对表面层产生时而为拉应力、时而为压应力的交变作用应力，这样就容易产生表层热裂。平时在锻模正常使用时，应及时对锻模进行冷却润滑，使模膛表层温度保持在 250～400℃范围内，就能保持良好的机械性能。锤锻模可采用图 6－4 的工具进行冷却。

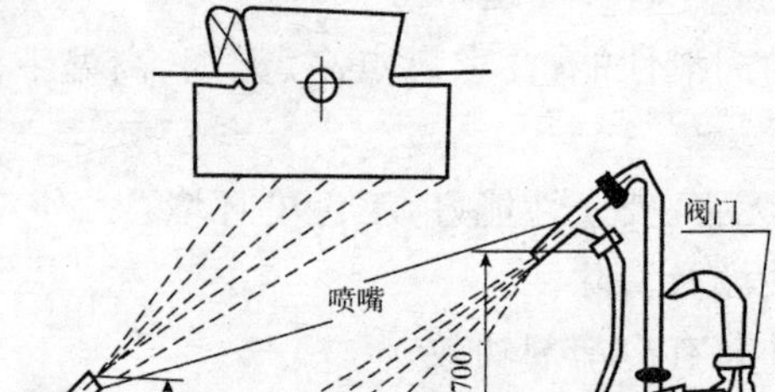

图 6－4　喷射冷却工具示意

3. 磨损:金属在模膛里流动时,将与模膛表面发生激烈摩擦,并造成表面磨损,使模膛尺寸及表面粗糙度发生变化。

4. 变形:在外力作用和高温影响下,模膛局部由于软化而被压坍和压堆,致使模膛的尺寸发生不同的变化。图 6—5 为模膛局部变形的几种情况。

压入法成形容易使模膛边角处产生内陷[图 6—5(a)],故会影响锻件出模;镦粗成形则易将模膛边角处压堆,并使模锻斜度增大[图 6—5(b)];模膛内冲孔凸台与毛边槽桥部的变形特征相似,均为镦粗或压坍[图 6—5(c)、(d)]。

造成模膛变形的主要原因是高温。生产中采取的简易可行的降温措施有:尽可能提高坯料温度,以减少打击次数;缩短锻件停留在锻模上的时间,使锻模来不及产生因升温造成的软化。

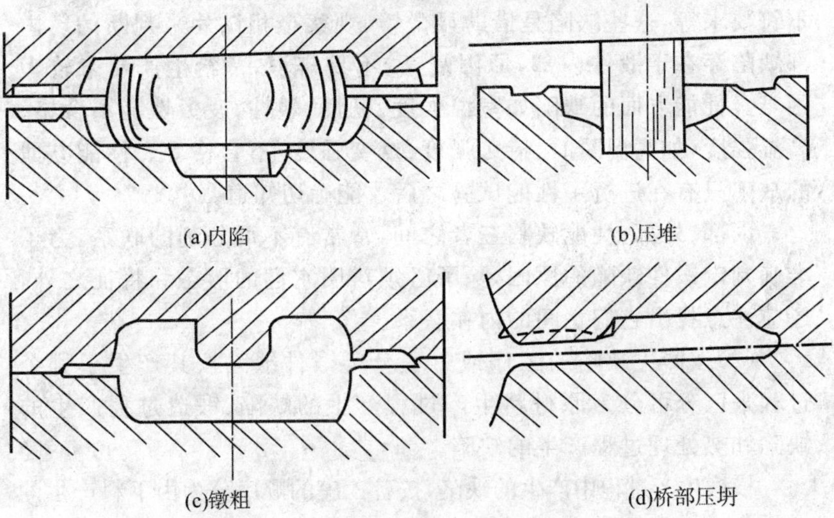

(a)内陷　(b)压堆　(c)镦粗　(d)桥部压坍

图 6—5　模膛局部变行的几种情况

第二节 模锻件缺陷产生原因及消除方法

1. 模锻件缺陷分类一般是按缺陷的表现形式分类和按产生缺陷的工序或过程来进行分类。

(1)按缺陷表现形式分类锻件按缺陷表现形式可分为外部的、内部的和性能的三种。外部缺陷如几何尺寸和形状不符合要求，表面裂纹、折迭、错差、表面麻坑、桔皮状表面等锻件表面缺陷，比较容易发现。锻件内部缺陷又可分为低倍缺陷和显微缺陷两种。在锻件剖开的低倍试片上，可见到如内裂、缩孔、疏松、白点、流线紊乱、粗晶等属低倍缺陷，断口上发现的石状断口、层状断口等也属低倍缺陷。显微缺陷如脱碳、增碳、带状组织、碳化物偏析级别不符要求等，这些缺陷是借助显微镜、观察金相试片来判断的。内部缺陷存在于锻件内部，原因复杂，不易辨识，常给生产带来较大困难。性能方面的缺陷如室温强度、韧性、塑性、疲劳性能不合格、高温强度(如高温瞬时、持久强度、蠕变强度)不合格等。性能方面的缺陷只有在进行了性能试验之后才能确切知道。

内部、外部、性能缺陷三者之间，常常有不可分割的联系，为了准确判定锻件缺陷的原因，除了必须辨明它们的形态和特征之外，还应注意找出它们之间的内在联系。

(2)按产生缺陷的工序或过程分类锻件缺陷按其产生于哪个过程来区分可分为原材料生产过程产生的缺陷、锻造过程产生的缺陷和热处理过程产生的缺陷。

模锻生产过程中产生的缺陷，按各工序的顺序分为由下料产生的缺陷、加热产生的缺陷、锻造产生的缺陷、冷却产生的缺陷和清理产生的缺陷等。由于产生缺陷的原因往往与原材料生产过程和锻后热处理过程有关，因此分析缺陷产生原因时，要进行综合分析。

2. 模锻中的缺陷

(1)下料过程中产生的缺陷此类缺陷有切斜、端部弯曲及带毛刺、端部裂纹、气割裂纹等。主要由于剪切时棒料未压紧、剪刀片之间间隙太大造成切斜和带毛刺；端部开裂则由于材料硬度高、剪切时刀片上的单位压力太大造成；气割裂纹是由于气割前没有充分预热导致形成较大的热应力而造成的。

(2)加热过程中产生的缺陷加热过程中产生的缺陷有过热、过烧、萘状断口、石状断口、低倍粗晶、铜合金的铜脆、加热裂纹、未热透引起的心部开裂、脱碳和增碳等。

1)过烧因加热时炉温过高或坯料在高温区停留时间过长而引起。缺陷外观表现为桔皮状表面，晶粒特别粗大，氧化严重，一锻打就裂开甚至呈粉碎状，裂口处呈浅灰兰色，显微组织可看到晶界氧化和熔化。铝合金过烧后表面呈黑色或暗黑色，表面有时有鸡皮状气泡，显微组织可见晶界熔化、三角晶界和复熔球 6 故应检测和校正炉子仪表，经常用仪器测量料温，坯料距烧嘴要保持一定距离，在高温区加热停留时间过长时应及时降温。采取措施后可避免产生过烧。

2)低倍粗晶常在合金结构钢、高温合金、铝合金等低倍试验时发现。

过热是造成合金结构纲低倍粗晶的主要原因。在锻件低倍试片上呈现肉眼可见的多边形晶粒，严重时这些多边形晶粒看起来呈雪片状。过热是由于加热温度过高(低于过烧温度)、加热保温时间过长，或由于没有考虑到变形热效应的影响而引起的。

高温合金的低倍粗晶主要由于过热造成和由于低温小变形使锻件处于临界变形程度而形成。

铝合金的粗晶最易产生，其产生原因有：终锻温度下变形程度处于临界变形范围造成粗晶；模具表面粗糙、表层变形程度太小造成粗晶；温度过高、变形量偏小，在锻件加厚部分形成粗晶；飞边区附近和肋根部变形量太大形成粗晶等。因此，铝合金粗晶的防止办法主要避免在临界变形量范围内锻造；变形量大时要多次模锻逐步成形；抛光模具表面，预热好模具，加强模具润滑，改善表面层变形状况则可以避免粗晶发生。

3)加热裂纹加热裂纹特征是沿坯料的横断面开裂，而且裂纹是由中心向四周扩展的。这种裂纹多产生于高温合金、高合金钢钢锭和钢坯加热。造成加热裂纹的原因是由于坯料尺寸大、导热性差而加热速度又过快，在坯料中心和表层之间温差大，由此产生的热应力超过了坯料的强度所致。故应选择正确的加热制度，遵守加热规程可避免此缺陷产生。

(3)因操作不当引起的缺陷

1)锻件的错差锻件沿分模面的上半部分相对于下半部分产生位移的现象称为错差。如错差量超过锻件图允许的错差值就会造成锻件不合格。造成错差的原因有：设备精度不高；锤头与导轨间隙过大；模具制造精度不好，如上、下模键槽中心线和燕尾中心线不一致，使锻工无法调整；锻模上没有设计锁扣或导柱；模具安装、调整不合理；键和斜楔松动等引起错差。锻件错差有时也称为锻件错移。

防止错差的办法是针对上述产生原因，加强对设备的维修和调整，保证制模质量，操作时随时抽检锻件注意锻件错移，及时调整好模具及打紧斜楔。

2)锻件缺肉(局部充填不足)锻件实际尺寸(长、宽和高)小于锻件图相应尺寸，称为缺肉。其主要发生在锻件上凸起部分的顶端或棱角，如肋条、凸肩转角处。造成缺肉的原因有：坯料加热温度不够或坯料未热透，金属流动性差不易充满模膛；放料不正，造成一边充不满另一边料大量流人飞边槽；锻模预热不够，坯料放人锻模后温降大，塑性低，流动性差，造成局部缺肉；润滑不当；预锻模膛或制坯模膛设计不合理；操作方法不正确，如在滚压时，将毛坯前后移动，使已滚压过的最大截面压扁或压小，一经终锻就会因金属不足而造成缺肉；氧化皮清除不及时，滚压时滚压模膛内堆积的氧化皮过多，造成毛坯最大积聚处金属不足，终锻时充不满模膛，使锻件缺肉。设备吨位偏小打击力量不够，也容易造成锻件缺肉。

3)折迭折迭是锻造过程中已氧化过的金属汇流贴合后压人锻

件造成的。从外观上看折迭和裂纹相似,低倍试片上折迭处流线发生弯曲,而裂纹则流线被切断。造成的原因有:操作者将毛坯放在制坯模膛边缘,一经锻打就出现压痕而造成折迭。因此在制坯操作时,尽量将坯料放在模膛内,以避免出现折迭;毛坯在制坯时在拔长、滚压、压弯时,最初几次锤击过重,使金属展宽变形过大而冲出模膛边缘,反复滚压或拔长时,展宽过大而冲出模膛边缘的部分金属就会被压人锻件而造成折迭。发现上述现象应立即停止锻打,经用砂轮磨掉或用扁铲除掉折迭部分后再加热锻造。

4)压坏锻件锻件在锻造时跳出终锻模膛,被连续锤击时的上模压变形,造成压坏锻件。切边时,没有把锻件放在凹模内,也会压坏锻件。防止压坏锻件的办法就是精心操作。

5)厚度超差及模锻不足由于坯料过大,锻件充满模膛后多余的金属流到分模面上造成模锻不足,厚度超差(欠压)。其主要原因是终锻温度低,设备吨位小,蒸汽压力不足等造成的。

6)锻件流线分布不当在低倍试片上出现流线断开、回流、涡流、对流等流线紊乱现象。其造成的原因有模具设计不当,坯料尺寸、形状不合理以及锻造方法选择不当,毛坯在模膛中放歪等。

7)残留毛刺切边后沿锻件分模面四周残留毛刺超过技术要求。如果切边后再进行校正则残留毛刺会被压人锻件中而形式折迭。其造成的原因是:切边模间隙过大;刃口磨损过度;切边模安装调整不精确等,均可引起残留毛刺超差。

8)切边裂纹切边时在锻件分模面处产生的裂纹称为切边裂纹。其造成的原因是:材料塑性低,在切边时引起开裂;镁合金模锻件切边温度过低;铜合金模锻件切边温度过高等,都会产生切边裂纹。

模锻件的缺陷还有凹陷、麻坑、碰伤、重皮、翘曲等,都是在操作时注意不够造成的。因此,只有严格遵守锻件工艺操作规程,精心操作,加强设备维护和模具调整,才能保证锻件质量,减小缺陷的严生。

(4)锻后冷却不当产生的缺陷此类缺陷有冷却裂纹、冷却变形，网状碳化物析出而造成淬火裂纹，铁素体不锈钢锻后冷速过慢形成脆性裂纹等。

1)冷却裂纹是因锻后冷却过快，锻件内产生了较大的热应力和组织应力所致。裂纹特征光滑细长，有时呈网状龟裂，严重时开裂断开。防止办法是对马氏体类钢在锻后冷却时应放在200℃左右的沙坑、热石灰或保温坑中缓冷，则可避免冷却裂纹产生。

2)冷却变形由于锻造中产生的残余应力和冷却不均匀引起的应力相互作用而引起的锻件变形。多产生在大型、薄壁、细肋框架式构件，在锻后冷却时产生翘曲变形。采用锻后立即退火可以防止此缺陷产生。

(5)锻后热处理产生的缺陷此类缺陷有热处理后锻件硬度过高、硬度偏低、硬度不均(有软点)、变形、淬裂和高碳工具钢出现的黑色断口等。

1)硬度过高、偏低和不均匀硬度过高是由于正火后冷却过快或锻件化学成分不合格所致；硬度偏低是由于淬火温度偏低、回火温度偏高或因锻件多次加热引起的表层严重脱碳而造成的；硬度不均则因锻后热处理时一次装炉量太多、保温时间太短而造成的。局部有严重脱碳可引起软点而造成硬度超差。

2)淬裂淬火裂纹多发生在锻件的尖角等应力集中处。淬火裂纹与锻造裂纹不同的是，淬火裂纹内侧壁上没有氧化与脱碳现象。淬火裂纹是由于没有进行预备热处理和淬火温度太高、冷却速度过快而引起的。锻件内部有夹杂物也易在夹杂物聚集处引起开裂。

(6)锻件在清理过程中产生的缺陷锻件锻后酸洗和清理过程中产生的缺陷有过腐蚀、腐蚀裂纹、局部过热裂纹等。

1)过腐蚀锻件在酸洗后表面出现麻坑或麻点，甚至呈疏松多孔状，称为过腐蚀。由于酸洗溶液变质、酸洗时间过长及酸洗中没有经常晃动锻件，致使酸洗液残留在锻件上所致。

2)局部过热裂纹铁素体不锈钢锻件用砂轮清理时出现的裂纹称为局部过热裂纹。可改用风铲清理其表面缺陷，以避免裂纹产生。

第七章　安全生产

要求锻造工安全文明生产，执行安全规程，做到岗位责任制的上产要求。

锻造加工的特点

锻造是在高温条件下，通过锻造设备对高温金属施加冲击力或静压力，使金属坯料通过工具或模具产生塑性变形，从而获得具有一定形状、尺寸和组织结构的锻件的加工方法。锻造生产一般是在高温、冲击载荷或高压静载荷的条件下进行的，物体的瞬时力很大，易发生烫伤、轧伤、打击、碰撞以及其他机械伤害事故。

锻造加工中的不安全因素

根据锻造加工过程中的特点，可以分析出在铸造加工过程中存在的不安全因素，具体如下：

1. 加热炉、压力机附近产生的辐射热，易造成烧伤和烫伤。

2. 很大的噪声和振动，噪声多为脉冲噪声，声压级多超标。

3. 机械、工具或工件等造成的机械伤害：

a)锻锤锤头击伤。

b)打飞锻件伤人。

c)辅助工具打飞击伤。

d)模具、冲头打崩、损坏伤人。

e)原料、锻件等在运输过程中造成的砸伤。

f)操作杆打伤、锤杆断裂击伤。

4. 空气中存在的有毒有害物质和粉尘微粒。

5. 气体燃料、汽油等润滑剂使用不当会引发火灾和爆炸。

锻工使用夹钳的安全要求是什么？

锻造时应正确选择和使用夹钳。应使钳口的尺寸符合工件的要求，操作时工人应站在夹钳的两侧，不得将手指放在钳柄中间，不得将钳柄对着操作者的服务部，也不能将脚放在夹钳的下方。锻造时必须用钳子夹牢工件。

锻造接送锻件有什么安全要求？

严禁手伸入模具下面接送锻件，应使用工具。严禁用手或用脚清除砧面上或炉膛里的氧化皮，当用压缩空气吹扫氧化皮时，对面不得站人。因为故障发生卡锤现象时应立即切断动力源，必须用安全栓支撑后用工具解脱。严禁将身体的任何部分进入锤头下方工作。

对锻造车间的加热设备有什么安全要求？

采取切实可行的措施防止热辐射；应该有良好的排烟除尘设备，粉尘浓度不超过 10mg/m^3；燃油燃气的加热炉和热处理炉点火和停炉时，严格按照操作规程进行；中油罐的位置和安装应严格按照建筑设计防火规范的要求；电加热炉和热处理必须符合电器安全要求，操作时应遵守操作规程。锻造是金属压力加工的方法之一，它是机械制造生产中的一个重要环节。根据锻造加工时金属材料所处温度状态的不同，锻造又可分为热锻、温锻和冷锻。本文所说锻造是指热锻而言，即被加工的金属材料处在红热状态（锻造温度范围内），通过锻造设备对金属施加的冲击力或静压力，使金属产生塑性变形而获得预想的外形尺寸和组织结构的锻件。

在锻造车间里的主要设备有锻锤、压力机（水压机或曲柄压力机）、加热炉等。生产工人经常处在振动、噪声、高温灼热烟尘，以及料头、毛边堆放等等不利的工作环境中，因此，对操作这些设备的工人的安全卫生是应特别加以注意，否则，在生产过程中将容易发生各种安全 事故，尤其是人身伤害事故。

一、锻造车间的特点

从安全技术劳动保护的角度来看，锻造车间的特点是：

1. 锻造生产是在金属灼热的状态下进行的（如低碳钢锻造温

度范围在 1250～750℃)，由于有大量的手工劳动，稍不小心就可能发生灼伤。

2. 锻造车间里的加热炉和灼热的钢锭、毛坯及锻件不断地发散出大量的辐射热(锻件在锻压终了时，仍然具有相当高的温度)，工人经常受到热辐射的侵害。

3. 锻造车间的加热炉在燃烧过程中产生的烟尘排入车间的空气中，不但影响卫生，还降低了车间内的能见度(对于燃烧固体燃料的加热炉，情况就更为严重)，因而也可能会引起工伤事故。

4. 锻造生产所使用的设备如空气锤、蒸汽锤、摩擦压力机等，工作时发出的都是冲击力。设备在承受这种冲击载荷时，本身容易突然损坏(如锻锤活塞杆的突然折断)，而造成严重的伤害事故。

压力机(如水压机、曲柄热模锻压力机、平锻机、精压机)剪床等，在工作时，冲击性虽然较小，但设备的突然损坏等情况也时有发生，操作者往往猝不及防，也有可能导致工伤事故。

5. 锻造设备在工作中的作用力是很大的，如曲柄压力机、拉伸锻压机和水压机这类锻压设备，它们的工作条件虽较平稳，但其工作部件所发生的力量却是很大的，如我国已制造和使用了 12000t 的锻造水压机。就是常见的 100～150t 的压力机，所发出的力量已是够大的了。如果模子安装或操作时稍有不正确，大部分的作用力就不是作用在工件上，而是作用在模子、工具或设备本身的部件上了。这样，某种安装调整上的错误或工具操作的不当，就可能引起机件的损坏以及其他严重的设备或人身事故。

6. 锻工的工具和辅助工具，特别是手锻和自由锻的工具、夹钳等名目繁多，这些工具都是一起放在工作地点的。在工作中，工具的更换非常频繁，存放往往又是杂乱的，这就必然增加对这些工具检查的困难，当锻造中需用某一工具而时常又不能迅速找到时，有时会“凑合”使用类似的工具，为此往往会造成工伤事故。

7. 由于锻造车间设备在运行中发生的噪声和震动，使工作地点嘈杂不堪入耳，影响人的听觉和神经系统，分散了注意力，因而增加了发生事故的可能性。

二、锻造车间工伤事故的原因分析

锻造车间工伤事故的主要原因为：

1. 需要防护的地区、设备缺乏防护装置和安全装置。

2. 设备上的防护装置不完善，或未使用。

3. 生产设备本身有缺陷或毛病。

4. 设备或工具损坏及工作条件不适当。

5. 锻模和铁砧有毛病。

6. 工作场地组织和管理上的混乱。

7. 工艺操作方法及修理的辅助工作做得不适当。

8. 个人防护用具如防护眼镜有毛病，工作服和工作鞋不符合工作条件。

9. 几个人共同进行一项作业时，互相配合不协调。

10. 缺乏技术教育和安全知识，以致采用了不正确的步骤和方法

锻造是金属压力加工方法之一，锻造可分为自由锻造和模型锻造两类。自由锻造按其设备的不同，又可分为手工锻和机锻两种。手工锻是靠人力和手工工具使金属变形，只能生产小型锻件；机锻是利用机器产生的压力使金属变形，是常用的锻造方法。自由锻造中应注意如下安全问题：

(1)自由锻造作业一般应设掌钳工一名、司锤一名及辅助工等操作人员，并由掌钳工统一指挥。

(2)上砧块或模具的紧固楔铁，外露长度不许大于 50mm。以免碰伤工人的头和肩部。

(3)蒸汽锤滑阀不得滴水和凝水，防上落在热坯料上后热汽、热水喷溅伤人。

(4)使用手持夹钳、工具、料叉时．不允许将手柄对准自己的胸腹或对着别人，只能朝身体侧面的方向放置。用料叉、吊钳转运